U0687864

段锦云 等●著

认识自己，更懂生活

读点了解世界的心理学

ZHEJIANG UNIVERSITY PRESS
浙江大学出版社

图书在版编目(CIP)数据

认识自己，更懂生活：读点了解世界的心理学 / 段锦云等著.—杭州：浙江大学出版社，2019.8

ISBN 978-7-308-19107-4

Ⅰ.①认… Ⅱ.①段… Ⅲ.①心理学—通俗读物 Ⅳ.①B84-49

中国版本图书馆 CIP 数据核字（2019）第 078615 号

认识自己，更懂生活：读点了解世界的心理学

段锦云　等著

责任编辑　卢　川
责任校对　程曼漫
封面设计　卓义云天
出版发行　浙江大学出版社
（杭州市天目山路 148 号　邮政编码 310007）
（网址：http://www.zjupress.com）
排　　版　杭州林智广告有限公司
印　　刷　杭州钱江彩色印务有限公司
开　　本　880mm×1230mm　1/32
印　　张　7.375
字　　数　157 千
版 印 次　2019 年 8 月第 1 版　2019 年 8 月第 1 次印刷
书　　号　ISBN 978-7-308-19107-4
定　　价　42.00 元

年岁渐长,人的心理也发生着变化。以前总想着成为自己最向往的样子,成为最好的自己,但经历了一些之后发现,世上其实没有完美这件事。不光如此,很多问题及其答案也不是从前的模样,很多也从有答案走向了无答案。

本书即是此心境的一个映照。

一切都在升级,人类对外在物理世界的认知也是如此。从地心说、日心说、宇宙大爆炸…到黑洞、引力波、暗物质、量子纠缠……科学发展至今,我们所看到的,可能仍然不足世界的1%,这和一千年前我们不知道有空气、电场、磁场,以为天圆地方一样,我们的未知世界依然多到难以想象。

科学就是不断地寻找驳倒已知的证据,它没有最终答案,只有永恒的追问。至于终极真理,那只是巴别塔上的彩虹,美丽而不可触摸。

在商业和社会场域，都说这是一个 VUCA 时代（Volatility—多变，Uncertainty—不确定，Complexity—复杂，Ambiguity—模糊），这加剧了无答案感。与其预测未来，不如把握当下、以控制未来，任何拘泥于计划、不善变通的行为必然导致失败。这个世界太随机、太不可预测，不可能基于未来的波动来制定策略，生存取决于适应性和与环境的持续相互作用。

我们平常的表达也是如此，任何说出来的话一定都能影响一部分人；但另一方面，任何说出来的话也都能被驳倒。

你说世界是唯物的，我说一切事物都是人心建构的；

你说成功是因为实力，而我说有可能是因为运气；

你说贝多芬 4 岁作曲，我说姜子牙 80 岁为相；

你说棍棒出好子，我说好的教育在于鼓励；

你说有备无患，我说船到桥头自然直；

你说三思而后行，我说机不可失；

你说人是理性的，我说不是；

………

孰对孰错？关键在于辨清条件。一切解决问题之道，首先在于对问题的全面了解和清楚掌握。经验只可借鉴，而不可复制，适用于彼的做法，对此甚至可以是失败的原因；另外，即便是对同一主体，过往的成功经验终有一天也会成为其将来发展的障碍。一切理论和知识的应用，关键在于把握分寸和轻重，前提是明白条件和边界。

一个聪明的大脑常常能容纳如上诸多矛盾的观点。我们要训练大脑的复杂性以应对外在世界的复杂性，前者是需要我们去努力的，后者是客观的、已然存在的。

不过，越是简约的论点，越会牺牲它的准确性，而我们人总是偏好前者，所谓的认知吝啬鬼(cognitive miser)。所以，准确性从来都是与人性相悖的。

世界并不如你想象。你知道的越多，知道自己不知道的也越多，好似一个圆，圆内是你知道的部分，圆外是你不知道的；显然，圆越大，它的周长也越长。

孔夫子说四十不惑五十知天命，那恐怕是两千年前那个时代的命题，在那个时代，对于普通个体而言，一出生基本就确定了一辈子的轨迹，那个时代一个平常人一辈子接受的信息可能比不上当今一个平常人一星期接受的。所以，现如今，四十还是会困惑，五十依然不知天命，这是现代人(也许也是古今所有人)一直以来的生存样态，孔子的话有可能只是个人修为的目标。

你我皆困惑，但也许在不一样的水平。以对自我的理解为例，小时候我们可能困惑于自己从哪来，将来会成为什么样的人；现在我们也许困惑于自己的内心所求，包括职业上的或情感上的，或困惑于人生的意义。显然这不是一个水平上困惑。而本书的目的，就是希望你读完后在一个更高的水平上，困惑着，当然也训练了大脑的复杂性……不过希望千万不是困扰了。

本书的完成得益于我与学生们的合作，他们是(按姓名英文字母排列)：陈琳、丁凯琳、丁秀秀、郭昭君、李斐、李月梅、骆雯婕、施蓓、施嘉逸、孙露莹、王蒙蒙、王啸天、王泽昊、吴宁宁、吴俏敏、夏晓彤、肖凯文、谢清宇、徐柏荣、徐晗钰、徐雨濛、徐悦、张开华、朱宸轩、朱冰璠、邹义文；也有好友范莉莉等的友情相助，在此对他们表示感谢！大部分内容也都在“泡泡心理”公众号上发表了，你也可关注公号而不必购买本书来阅读，无论是哪种方式，我都不胜感激！

段锦云

2019.5

第三章 离金钱过近，离幸福渐远

第四章 生活没有定式，人生没有套路

第五章 能力之外，努力之上

第六章 小爱是欢愉，大爱是慈悲

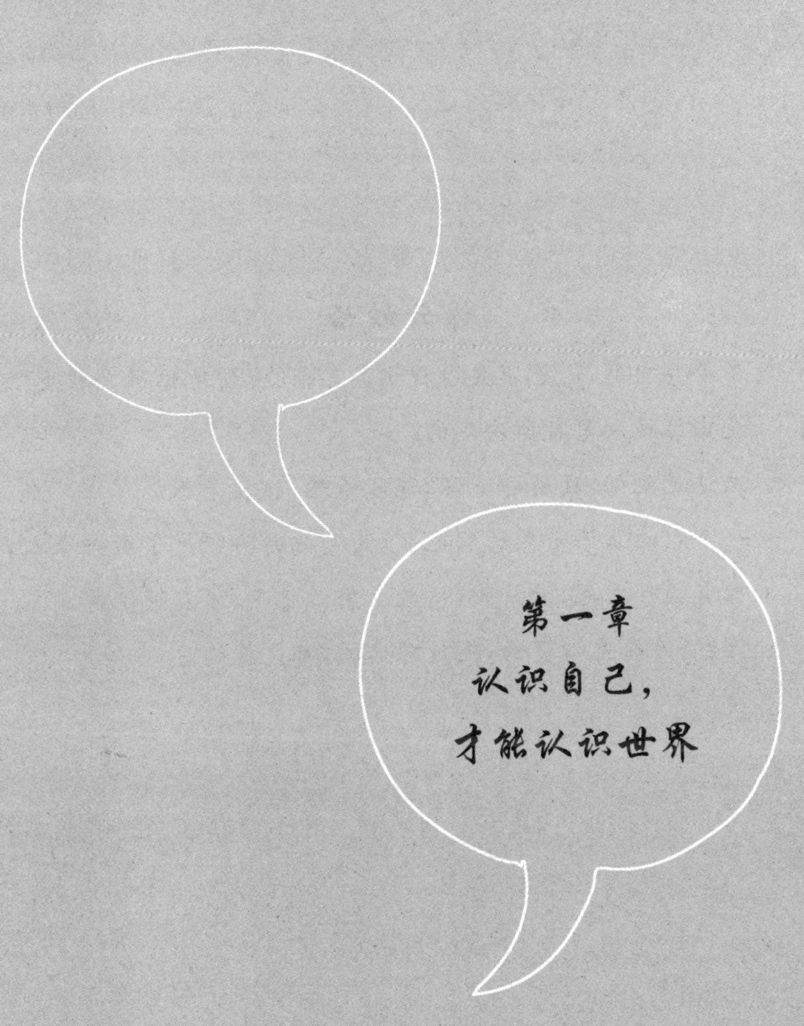

第一章 认识自己，才能认识世界

锦云妙语

>>> 不要妄自菲薄,也不要自视过高,人的身份地位很大程度上是由环境和目标所决定的。

>>> 嫉妒是无知,理解即宽容,宽容是德,相爱是善。

>>> 一个人的言语是他的羽毛,行为是他的脚印。了解一个人,唯有拨开羽毛,看清脚印,最后用心感受,才能够了解。

>>> 修身,无论是心灵的,还是身体的,都是美德。

改变你的言语，改变你的世界

段锦云　陈琳

一位路过的女士，把在路边乞讨的老人写的宣传语，“我是盲人，请帮帮我”改成了“这是多么美好的一天，但是我看不见”。结果，更多路过的人伸出了援手，把零钱放进乞讨盲人的碗里……

这是2016年在网上流传很广的一段广告视频。短短一分多钟的视频给人巨大的震撼，这种震撼不是来自于画面本身的渲染，而是语言的强大力量。一句话的改变，使乞讨老人博得了人们更多的同情，唤起了人们的爱心，人们从习惯地漠然变为友善地帮助。一句话的改变，就改变了人们的行为！言语在很多时候都可以如此温柔地推动事情的发生。

“四两拨千斤”：言语助推态度改变

通过改变言语的表达方式，可以助推人们态度和行为的改变。

比如，“吸烟**有害健康**”→“吸烟**有害您家人的健康**”，后者更能加深人们对“吸烟有害健康”的认识，从而推动戒烟行为。

又比如，“为了您的**安全，请戴头盔**”→“像我们这个年纪，骑电动车一定要记住**戴安全头盔**，否则会被开奔驰宝马的同学**认出来**”两个宣传语，后者这种幽默的方式也许更能吸引大众眼球，加强人们对“骑电动车要戴安全头盔”这件事的印象。

在生活中，换一种表述方式，也许就能收获意外的却让人更满意的结果。

建构选项助推态度改变

我们先看这样一个案例，有两家相邻的卖粥小店，左边这家的日营业额总是会比右边那家多出百十元，天天如此。究其原因，其中细微的差别竟在于，顾客点完粥后，右边那家服务员问“加不加鸡蛋”；而左边那家服务员会问“加一个鸡蛋还是两个鸡蛋”。对于这两个问题，人们心中的**默认选项**分别是“加/不加”与“加一个/加两个”。久而久之，左边这家的营业额当然比右边那家多出许多。

正负框架改变选择

框架效应是指，由于对事物描述方式的改变，而引起决策者偏好反转的现象。以经典的“亚洲疾病问题”为例：

美国正在对付一种罕见的亚洲疾病，预计该种疾病的发作将导致600人死亡。现有两种与疾病做斗争的方案可供选择。假定对各方案所产生后果的精确科学估算如下所示：

正面框架：

A方案，200人将生还；

B方案，有1/3的机会600人将生还，而有2/3的机会无人生还。

此时，人们更多地选择A方案，倾向于风险规避，寻求一个稳定的结果。

但，**在负面框架下：**

C方案，400人将死去；

D方案，有1/3的机会无人将死去，而有2/3的机会600人将死去。

此时，人们更多地选择D方案，即损失框架下，人们倾向于风险寻求，宁愿冒更大的风险追求一个可能的好结果，也不会为保全一部分而选择失去另一部分。然而，在实际结果上，A=C，B=D。

不仅在风险决策中存在框架效应，在日常生活中也一样存在这种现象。比如，“我卖的牛肉80%是瘦的”和“我卖的牛肉20%是肥的”，相比之下，人们更愿意购买“80%是瘦的”的牛肉，虽然两者其实是一回事。

又比如图1中A、B两个同价格的航班，当以上边的形式呈现时，人们更会选择A；而以下边的形式呈现时，人们更会选择B'。然而，A和A'、B和B'的实际效果是一样的。

这就好比图2，人们会以为上面的横线比下面的长；但事实上，两条一样长。

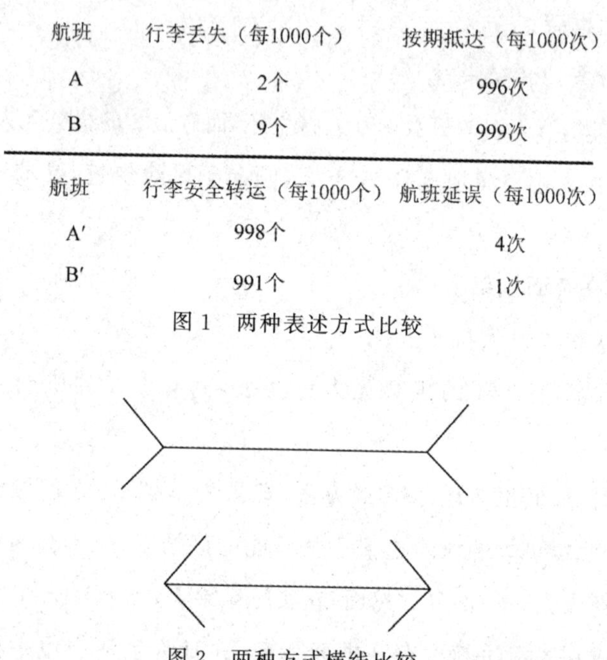

航班	行李丢失（每1000个）	按期抵达（每1000次）
A	2个	996次
B	9个	999次

航班	行李安全转运（每1000个）	航班延误（每1000次）
A′	998个	4次
B′	991个	1次

图 1　两种表述方式比较

图 2　两种方式横线比较

语调改变意图

言语的强大不仅仅表现在文字表达方式上，有时候仅仅只是改变语调，就可以表达不同的意思。沟通中的非言语信息，如语调、表情、动作等，都是捕捉他人意图以及情绪的重要情境线索。

举个例子，一句“这不完全是我的错”：

将重音放在“我”上，“这不完全是**我**的错”，表达的是“我没有错，该怪罪的是别人”；将重音放在“完全”上，“这不**完全**是我的错”，表达的则是“只有部分是我的错”；当重音放在“这”上，“**这**不完全是我的错”，表达的则可能是“可能有其他的事是我的错”。

我们通常会根据语调来捕捉他人的意图、态度及情绪等，语调是我们探寻一个人的情绪和内心真实想法的有效方式之一。

有一个女孩总是跟我抱怨她与异地的男友一聊天就吵架，我告诉她：谈恋爱的时候，要减少跟对方文字聊天的时间，增加电话沟通的时间，这样可以减少你们之间的矛盾。因为文字聊天一个很大的弊端就是，我们不知道对方的语调，此时我们还会根据自己的心情来猜测他的语气，显然这就容易导致误会。

另一种“温柔”：从指令到平述

指令表达的是说话人对对方的一种叮嘱、劝告、命令等，是一种从上往下的表达方式；

平述则更多是描述事实，表现出平等和真诚，而非指令，它是一种平视甚或从下往上的表达方式。

从指令到平述的改变，是基于这样的前提：沟通对象或受众，从“少知/无知”变为“有知/理性”，这是正在发生的趋势，也是社会发展的必然结果。

在工作中，作为老板的你，平时给员工布置工作时，可将“你必须在今天下班之前给我做好”这种命令的口吻转变成“你如果能在今天下班之前做好这项工作，明天我们的工作就能更顺利”，这种平述式的表达更能令员工接受，尤其当员工是知识型员工或新生代们。

生活中诸如此类的例子不胜枚举。

比如，2014 年台北市市长选举，连胜文的宣传语是“听爸妈的话，投连胜文一票”，而柯文哲的宣传语则是“用爱去结束对立”。显然，前者更显指令，而后者更近平述。不知道柯文哲的当选多大程度上与这宣传语有关，但无论如何，它也反映了双方的心态或姿态的不同。

比如，在我们请求别人相助时，“希望得到您的支持”可以改为“不知道能不能得到您的支持”。

即使是别人征求你的意见时，我们也可以减少“你应该……”的表达句式，而改为“如果是我，我会……”这样的表达更能让人体会到你的尊重。

又比如，“我觉得第一季度的期限定得太不合理了”改为“我们过去按这个期限做过四个项目，最后在相同时间里只完成了两个，而且都是在特殊情况下”。

哪怕是小小的改变，如“谢谢”改为“谢谢您/你”，“哈”改为“哈哈”，都让人觉得你更加体贴而可爱。

有人说，“70 后”员工离职原因主要是工资，“90 后”员工离职原因主要是“我不开心了”。“90 后”更多关注自己的内心状态和情绪，他们渴望被平等对待，渴望开心地工作和学习。显然，平述的表达方式更能让他们舒心，更能推动行为朝预期的方向发展。

不过，如果谈话的双方是关系非常亲密的人，就没有必要严格遵守上述“清规戒律”了。

中西方在言语表达上的差异

我们在表述一个事物的时候偏向于抽象表达，对事情的描述也似是而非。比如，我国对每年参加高考的人数的报道一般只精确到万，2016 年全国参加高考的人数达到 940 万，而西方则会具体到个位数，如 9405321 人。此外，中国人喜欢场面话，比较含蓄，一方面体现出温情，另一方面又常常带有明显的家长式指令色彩。

而西方人描述事物时更习惯具体的、实事求是的表述，他们讲话直接，有时甚至显得冷漠，但又喜欢幽默。总体来看，他们更多采用平述的方式，权力等级对沟通的阻碍也更小。

语言是很神奇美妙的，一句话不是你说出来就结束了，而要以恰当的方式表达，才能发挥出语言的神奇力量。让我们从现在开始改变起来，争取成为语言“巨人”，在生活和工作中让自己更具魅力，从而使自己的世界更加精彩！

你相信星座吗？星座与性格的关系另解

肖凯文

“我是白羊座的，所以我热血冲动。”

“巨蟹座的女生都是贤妻良母。”

“据说只有金牛座才能受得了处女座的挑剔。”

……

以上这些言论你是否觉得耳熟能详呢？你觉得，关于你的星座的描述跟你自身有多高的匹配度呢？

据说，在美国，每天看自己星座运程的大约有近亿人次，大约有600万人会付钱请专门的占星师为自己做性格分析。可见星座对人们有着不可小觑的影响。这些在遥远天空上闪烁着的星星似乎有着某种神秘而非凡的魅力，让大多数人都无力抵抗。因此在过去的几年时间里，有一些热情高涨的心理学家投入了大量的时间和精力，来研究星座与人们生活之间的关系。

提起英国心理学家汉斯·艾森克(Hans Eysenck)，相信对心理学有一定了解的人都知道，这位闻名遐迩的心理学家发明了在心理学各个领域都广为应用的艾森克人格问卷(EPQ)。这个问卷包括四个分量表：内外向(E)、精神质(P)、神经质(N)、掩饰(L)。

其中，内外倾向量表是测量“内外向”维度的，得分高的被称为“外向型”，而得分低的被称为“内向型”。“外向型”的人更加乐观开朗，容易冲动，好交际，渴望刺激和冒险，拥有很多朋友和广泛的人脉，但是可能会欺骗自己或同伴。

而倾向“内向型”的人则更加好静，富于内省，喜欢有秩序的生活方式，情绪比较稳定，也不太喜欢刺激，除了亲密的朋友之外对一般人缄默冷淡。

“神经质”量表如你所料是用来测量“神经质”维度的。值得注意的是，这个维度衡量的并不是病症的程度，而是一个人的正常行为：得分高，表示情绪不稳定，容易焦虑、担心，常常郁郁不乐和忧心忡忡；而分数低则表示情绪稳定，抗压能力较好，更容易放松自己的身心。

根据广为人知的黄道十二宫星座传说，十二星座分为风象星座(分别是天秤座、双子座、水瓶座)，水象星座(巨蟹座、天蝎座、双鱼座)，火象星座(白羊座、狮子座、射手座)和土象星座(摩羯座、金牛座、处女座)。其中，有六个星座与EPQ中的外向型有关(分别是白羊座、双子座、狮子座、天秤座、射手座、水瓶座)，另外六个星座与EPQ中的内向型有关(金牛座、巨蟹座、处女座、天蝎座、摩羯座、双鱼座)。而对于“神经质”维度来说，“星座说”认为，土象星座更加能够保持情绪的稳定和心态的平和，喜欢相对稳定的环境，而水象星座的情绪波动起伏更大，对感情和情绪更加敏感。

为了验证这种说法是否正确，艾森克联手当时在英国广负盛名的占星学家杰夫·梅奥(Jeff Mayo)进行了一项调查。他从全球广泛招募了2000多个被试者，并要求被试者们提供他们的出生日期(用于确定星座)，以及填写艾森克人格问卷(分析各项得分)。然而结果让人们大吃一惊，也让占星学家们陷入狂喜，因为调查结果发现，这些被试们的问卷得分与星座的说法高度一致。与“外向型”有关的六个星座在“内外向”维度的得分中明显高于其他人，同时，水象星座的被试者在“神经质”维度中的得分也明显高于土象星座。这个结果让对星座持怀疑论的人们瞬间哑口无言。

然而，当占星师们还沉浸在洋洋自得的欣喜中时，艾森克却对调查结果产生了怀疑，因为他突然意识到，这些被试中有很大一部分人是来自梅奥占星学院(由英国占星学家杰夫·梅奥所创办)的学生，他们本身已经熟悉“星座说”，并对此深信不疑，艾森克担心这种先入为主的观念会影响调查结果，因此他又进行了后续的两个调查。

第一个调查中，艾森克搜寻了1000名儿童，他们均没有听说过或不了解星座。在完成艾森克人格问卷后，结果出现了戏剧性的转变：这些孩子所填的问卷各项维度的成绩分析与他们的星座毫无关系。艾森克紧接着进行了第二个调查，他把调查对象换成了成人，并且这些被试对于星座的了解程度参差不齐。调查结果显示，如果被试在之前就了解“星座对于人们性格的说法”，并且在一定程度上相信，那么他们的问卷成绩就会显示与他个人的星座特质高度一致。相反，如果被试之前不了解“星座说”，或者一点都不相信星座的说法，那么他们的问卷成绩则与星座的说法没有联系。

相信结论已经非常明确了："星座说"本身并无道理，但是一旦人们了解了星座说所对应的性格特质，那么就会不由自主地靠近并且拥有这些特质，产生一种"信则灵"的、类似"自我实现的预言"的效果。

所以，并不是你的生日和星座决定了你的性格，而是心理学中的一种"皮格马利翁效应（期望效应）"，促使你成为"你认为应该成为"的人。

爱吃"苦味"？你可能有"暗黑人格"

徐雨濛

"哎哟嘿，小丫头片子还有两副面孔呢！"这是从东方卫视《金星秀》火起来的一个梗。通俗地说，这两副面孔便是人积极的一面和消极的一面，其实人性本就是黑暗与光明的结合体。而暗黑人格可谓是"隐藏属性"了，不可否认的是，每个人或多或少都会有暗黑人格。

暗黑人格包含三类。第一类是马基雅维利主义人格，它描述的是那些不惜挑战社会常规以及利用非法手段来实现自己目的的人，马基雅维利主义的人喜欢把人物化，关注这个人能给自己带来什么，崇尚交换；**第二类是精神病态人格**，它并不是我们常规上所说的精神病类型，而是形容情绪冲动、自控性差、攻击性强的人格特质，这类人对自己的行为通常很难自我约束，做“坏”事却不会有内疚、罪恶感，他们并不会认为自己的行为有多“坏”；**第三类是自恋人格**，自恋的人通常比较以自我为中心，这种自恋已经超出了正常范围，他们深刻地相信自己是优秀的且无须证明。

怎样才能看出某个人是否具有暗黑人格呢？来自因斯布鲁克大学的克里斯蒂娜·萨格里格鲁和托拜厄斯·格莱特米尔（Christina Sagioglou & Tobias Greitemeyer）做了两项研究。

研究一：研究者先呈现给被试一份食物清单，清单上包括了酸（如柠檬、醋）、甜（如糖果、巧克力蛋糕）、苦（如咖啡、萝卜）、咸（如牛肉干、培根）的食物。每一类食物 10 项，一共 40 项，随机排列。然后，让被试对这 40 项食物进行打分。

接着，被试完成四份人格问卷。分别测量被试者们的攻击性人格、暗黑人格、大五人格和施虐倾向。

研究二：让被试评价苦味食物的苦味等级，因为有些苦味食物可能对某些人而言并不一定被认为是苦的。结果也确实表明，在 10 种苦味食物中，只有一半被认为是苦的。

在研究二中，咖啡、啤酒、萝卜、奎宁水和芹菜被认为是苦味等级比较高的，而松软干酪、姜汁汽水、西柚汁、黑麦面包和茶却没有得到很高的苦味等级得分。

两项研究的结果表明，**苦味偏好与精神病态、虐待、攻击性人格**

特质正相关，与宜人性负相关；甜的口味偏好和宜人性呈正相关。同时，在这四种味觉偏好中，苦味偏好和马基雅维利主义、精神病态、自恋人格相关。所以，一些人喜欢苦味的食物和饮料，这与他们的性格是有关系的。

饮食是普遍的社会现象，尽管它满足了人类最基本的需求，但它也涉及一些更复杂的心理现象。即使是新生儿，他们也已经表现出了对甜食的偏爱和对苦味的排斥。事实上，即使是牡蛎和原生动物也是拒绝苦味食物的。这些偏好根植于杂食动物的进化过程中，生存依赖于对糖的消耗和对苦物质的排斥，因为甜食通常具有高热量，而苦味通常是毒素的标志。

尽管人们对摄入有这些先天的反应，但在整个生命周期中存在的社会环境有可能使我们的口味偏好多样化。就像人们可能为了吃得更健康，或者是为了社交，而吃不喜欢的食物。

另外，由于简单暴露效应（只要经常出现就能增加喜欢程度），人类开始喜欢起初不好吃的食物。而苦涩的味觉体验被证明会引发人际关系敌意，即使是轻微的苦味体验。所以，研究者觉得爱吃苦味食物的人可能有暗黑人格。

要特别注意的是，以上研究是在西方进行的。在中国，有相当一部分人认为吃苦味食物，比如苦瓜、杏仁等等，更健康，或更养生，所谓良药苦口。上述研究则完全不适用于这种情况。

需要补充的是，暗黑人格其实没那么可怕。其实有时候，即使是最黑暗的人格也有闪光面。比如，在初次交往中，马基雅维利主义者、自恋者和精神病态者时常会给人留下“有能力、有魅力、好交际”的印象，只有当人际互动加深时其行为中的缺陷才逐渐展现出来。而格雷戈里·路易斯·卡特(Gregory Louis Carter)等人的一项研究更是表明，男性的暗黑人格对女性很多时候是有吸引力的。

那么，暗黑人格的魅力到底何在呢？卡特等人提出了两种可能性。第一种来自性选择，女性对男性特质的某些特征做出了回应。尤其是在短期择偶方面，女性可能会被“坏男孩”所吸引。“坏男孩”拥有自恋、执着和冒险的倾向，这些都是暗黑人格的准确描述，对女性都是有吸引力的。第二种解释来自于性冲突，女性可能会被暗黑人格的男性的“自我推销”能力(说服和操纵能力)所影响。

在现实生活中，拥有暗黑人格的人其实也并不少见，只是这类人经常会将自己这些“坏”的特质隐藏起来，因此我们称之为“隐藏属性”。同时，暗黑人格在某种程度或某些时候也可以被正向解读。因此，我们还是需要明白凡事都有两面性，客观看待才是正确之道。

你爱的音乐里藏着什么秘密?

肖凯文

生活中,我们经常会有这种体验:焦虑时,听听舒缓的音乐就觉得心情轻松了很多;无聊时,听听快节奏的摇滚乐就瞬间唤醒了沉闷的身心;郁闷时,则会呼朋唤友直奔KTV,在声嘶力竭中郁闷的心情一扫而光。

虽然我们曾经切身体会过音乐的这些妙用,可是我们有没有深入地思索过这些现象背后的原因呢?为何音乐会产生如此奇妙的效果?音乐与生活中各种行为之间有没有联系?

解密1:音乐影响情绪与饮食行为

在学术界,有关音乐与情绪的研究成果可能是最为丰硕的。例如,有研究发现,不同类型的音乐对情绪有着不同的影响,比如,轻音乐(如蓝调)会使大脑产生一种舒缓的神经递质,从而使人逐步平静下来;而古典音乐则会使人更加理性;反之,摇滚乐则会让人更易情绪激动。

此外，音乐治疗在临床心理学上的应用也已十分广泛，**将音乐疗法应用于ICU(重症加强护理病房)可有效降低患者交感神经的兴奋度，平稳其情绪，减轻各种应激反应，从而预防或减少ICU综合征**(指在ICU监护过程中出现的以精神障碍为主，兼有其他表现的一组临床综合征)的发生。

除此之外，你可能想象不到，声音与饮食行为之间也有一些有趣的联系。饮食行为中的声音信息包括：内感受性线索，即个体与饮食的交互音(如咀嚼食物声、吞咽饮品声、制作与准备饮食过程中的声音等)；外感受性线索，即环境音(主要指噪音)与背景音乐。许多研究相继表明：声音主要通过影响人们对饮食的感官感受性与喜好程度来影响饮食行为。营养奖获得者赞皮尼和史宾斯(Zampini & Spence)发现，在咀嚼声的声响更高或音频增强时，人们会认为薯片更脆、更新鲜；反之，则认为薯片更松软。

而在噪音与饮食行为的关系研究方面，研究表明，在喧嚣嘈杂的环境中，人们会更快、更多地摄入含酒精的饮料，并且噪音会让人觉得饮料更甜。

背景音乐影响饮食行为的研究发现，边听音乐边进食会增加进食量，并延长就餐时间。

而进一步的研究还发现，不同音乐类型会影响人们对食物的体验，最典型的例子就是“饮酒体验”。比如，“强能量和重型”的音乐会让人们觉得红酒更加强劲有力，而“活泼和清爽型”的音乐则会让人觉得夏敦埃酒更为活泼和清爽；愉快甜美的配乐会让品酒体验更为愉悦，并对啤酒给予更高的愉悦度评价，而悲伤的配乐则让被试觉得啤酒更苦、更酸，且评价啤酒酒精含量更高。

此外，研究还发现，**人们会根据不同“愉悦—悲伤”程度的音乐类型，精确地配对不同“苦甜程度”的巧克力。**

解密 2：音乐与合作行为

近年来，有关音乐与工作场所中行为之间的潜在相关性研究屡见不鲜。例如，哈佛大学行为学教授布鲁克（Brooks）和宾夕法尼亚大学的商学院教授施韦泽（Schweitzer）在 2011 年将电影《惊魂记》中的主题曲作为实验刺激，来激发谈判中的焦虑情绪。结果发现：被试的谈判果真表现更差。

另外，研究者在研究交易行为时，分别使用了“愉快”和“不愉快”的背景音乐，结果发现：暴露在不愉快背景音乐中的人，往往会承担更少的风险，获得更少的奖励，并在一系列的模拟交易实验中缺乏信心。研究还发现，在群体中进行合唱也会增强群体内的合作行为；愉快的音乐会减少个体的攻击性；而温暖的音乐则会鼓励人们的利他和助人行为；等等。

在有关音乐与合作行为之间的关系方面，康奈尔大学行为科学家尼芬（Kniffin）和研究人员文森克（Wansink）发现，**愉快的音乐可以提高工作场所中员工的情绪，进而加强其合作行为，**作者们用两个实验证实了他们的假设。

在实验 1 中，研究者将 78 名被试随机分配到两种实验条件中（愉快音乐条件33人，不愉快音乐条件45人），并分别用中央音响播放背景音乐（愉快/不愉快），同时要求被试完成决策任务，被试需要在固定金额中分配一部分作为公用投资，而另一部分则作为自己私用。研究者在每一轮决策中关注被试的个人贡献。结果发现，在愉快背景音乐条件下，被试对于公用投资的贡献更大！

为了验证情绪的作用，研究者又在实验1的基础上进行了第2次实验。在这次实验中，研究者将188名被试随机分配到3种实验条件中（愉快音乐60人、不愉快音乐69人、无音乐59人），同时在实验前、实验中、实验后分别用情绪量表来测量被试的情绪。

结果发现，不仅愉快音乐与情绪呈显著正相关，而情绪与合作行为之间也呈显著正相关！由此证明，音乐对于合作行为的影响存在两条路径：**其一，愉快音乐会直接促进合作行为；其二，愉快音乐通过提高情绪来增强合作行为。**

解密3：音乐与冒险行为

音乐不仅与情绪和合作行为有着紧密的联系，它与冒险行为之间也存在着千丝万缕的关系。研究者哈尔科（Halko）与库西亚（Kaustia）通过模拟赌博实验发现，**喜爱的音乐会增加人们的冒险行为，而不喜爱的音乐会抑制其冒险行为。**

整个实验分为两部分：

首先，要求被试选择4首最喜欢的音乐和4首不喜欢的音乐，并告知被试“他们报酬的多少将取决于他们的决策，最多可获得 20 欧元，但是损失最多可达 10 欧元”。在实验的第一部分，先将被试所带来的 8 首音乐（4 首喜欢，4 首不喜欢）复制到电脑上，然后被试需要填写个人信息，完成风险态度问卷，研究者支付 10 欧元的固定报酬，并与被试约定一星期后进行第二部分实验。在这个实验中，被试要么赢钱，要么输钱。

第二部分实验是在电脑上完成的，被试随机进行模拟赌博游戏，其中有 16 个胜利结果（赢得 1 到 4 欧元）和 16 个失败结果（损失 0.5 到 2 欧元），支付由掷骰子决定（1—3 代表损失，4—6 代表赢）。在实验过程中不显示赌博结果，以避免影响最终的实验结果。在每个游戏之前，被试要通过电脑按键选择“接受”或“拒绝”，每个游戏之间有 0.5～3.5 秒的休息时间。三个条件分别为：喜欢的音乐（64 个赌博游戏）、不喜欢的音乐（64 个赌博游戏）、无音乐（128 个赌博游戏）。音乐播放顺序为 L-N-D-N-L-N-D-N 或者 D-N-L-N-D-N-L-N（L 为喜欢的音乐，N 为没有音乐，D 为不喜欢的音乐）。赌博结果在矩阵中随机抽取，整个实验共 40 分钟。

结果发现，在不喜欢的音乐条件下，被试接受赌博频率为47.7%；在喜欢的音乐条件下，被试接受赌博频率为 54.1%；在无音乐时，被试接受频率为 51.4%。

言为心声，声也是心灵的表达，音乐与人的心灵相通。19 世纪法国浪漫主义文学的代表作家维克多·雨果曾经说过，“音乐所表达的是无法用语言描述的，但是又不能对其保持沉默的东西！”很多时候，言不足以表，不如歌之、咏之。

可见，喜欢的音乐会减轻对损失的厌恶感，而不喜欢的音乐会增加对损失的厌恶感。此外，实验还发现了性别与音乐的关系，男性受不喜欢的音乐的影响更大，而女性受喜欢的音乐的影响更大。

你的眼睛背叛了你的心：当心“微表情”暴露了你的秘密

朱宸轩

“我没有说谎，我何必说谎；爱一个人，没爱到难道就会怎么样；别说我说谎，人生已经如此的艰难；有些事情就不要拆穿。”

林宥嘉的歌声里带着些许哭腔和挣扎的痛苦，尽管反复地解释自己没有说谎，可听起来每句歌词却都像是在说谎，仿佛在试图欺骗自己说心里早已断了那份深情。

欺骗，是一种普遍存在于人类社会的行为。研究发现，人们一天可能要撒两次谎，这出于各种各样或好或坏的动机的驱使。人在人际交往中可能不得不去欺骗他人，甚至有些欺骗是在无意识中产生的。有时欺骗会顺利地瞒过对方，但偶尔谎言也会被人轻易地拆穿，倘若出现这种情况，你是否想过：对方为何能识破你“巧妙”的谎言？自己似乎在表达上也没有什么明显的漏洞。因此这让你大惑不解：对方难道会“读心术”？

而这实际上，或许只是你的“微表情”一不小心出卖了你。

什么是微表情？

微表情是一种快速呈现的表情，是人试图压抑或隐藏真实情感时泄露的，非常短暂的、不能自主控制的面部表情。一般认为其持续时间在1/25秒～1/5秒之间。这类表情动作幅度较小，且表达并不充分，通常只出现部分表情动作。因此，大多数人往往难以觉察到它的存在。

微表情最早在1966年由心理治疗师欧内斯特·哈格德(Ernest Haggard)与肯尼思·艾萨克斯(Kenneth Isaacs)提出，他们在分析病人和医生的非言语交流时，发现了所谓的微片刻表情。随后，美国心理学家保罗·艾克曼(Paul Ekman)和华莱士·V. 弗里森(Wallace V. Friesen)也发现了这种快速呈现的表情，并将其正式命名为微表情。

欺骗检测线索

以往研究发现，人检测欺骗的正确率只有54%，接近随机猜测的正确概率。一些研究者推测，欺骗检测能力较差的原因，可能是人们利用了错误的欺骗检测线索(比如眼神回避)。因此，研究者们一直试图寻找可靠的欺骗线索。

而自美国“9·11”事件以后，各国更加迫切地需要行之有效的欺骗检测。试想人若试图犯罪，必定要在犯罪行为实施前，隐瞒可能暴露其罪恶目的的各种线索；要事先发现犯罪企图，就必须找到这些线索。于是，发现人的犯罪企图的问题，也就转变为有哪些线索可以帮助发现欺骗的问题，即欺骗检测。

早在20世纪早期，就有学者开始了以电生理指标为基础的欺骗检测研究，研究的标志性产物即是测谎仪。但一直以来，测谎仪饱受争议，众多研究发现其判断准确性的数据并不一致，有高有低；而其错误的判断更是备受责难。除了生理线索外，研究者们也在探索与欺骗相关的认知线索，譬如认知负荷与记忆，但这些线索很难进行科学有效的检验。因此，很多研究者考虑把人的行为（非言语信息），尤其是那些无法自主控制的行为（这些行为通常会在欺骗时出现），作为欺骗检测的线索。

微表情可以作为一种欺骗检测线索

加州大学伯克利分校的研究者波特与布林克（Porter & ten Brinke）采用情绪性说谎范式法，让被试观看情绪图片，并做出真实或者虚假的表情，并对被试者的面部表情进行摄像。结果发现，有21.95％的被试者出现了符合图片内容的微表情。而Yan等人也在研究中，要求被试在观看情绪性视频时，有意识地监控和压抑他们即时发生的面部表情(即保持“面无表情”),事后对所拍摄的被试表情视频进行逐帧分析,并使用 FACS(Facial Action Coding System，面部表情编码系统)进行表情编码。结果发现,**被试在观看情绪性视频过程中常常会不自主地泄露真实情绪,其中包含了很多运动幅度较小的微表情。**

而总分析结果则显示,个体在撒谎时确实比在说真话时更为紧张焦虑,伴随有更多的与情绪唤醒相关的生理反应,如瞳孔放大,身体抖动增加等,尤其当要隐瞒的就是情绪本身时更是如此。而试图表现镇静却会适得其反,更多反映内心真正情绪体验的信号仍会出现,这些情绪信号的表现形式就是微表情。

而在实验室条件下,一些微表情(恐惧、厌恶与悲伤)也跟欺骗相关。曾任英国朴次茅斯大学心理系应用社会心理学教授阿尔德特·弗瑞(Aldert Vrij)总结了 10 个和欺骗有显著相关的非言语线索,发现和面部相关的有 4 个：瞳孔大小,下巴提升程度,嘴唇紧闭或张开,以及表情愉悦度。面部表情作为人际交往中的重要信息来源,从面部和面部表情泄露的信息是非常多的,因此微表情甚至有望成为最佳的欺骗检测线索。

微表情在欺骗检测中的应用

微表情目前已经被广泛地应用到了各个领域的欺骗检测中,其中主要包括安全司法和临床医学等领域。

在司法领域的应用

在司法领域，譬如对嫌疑人的审讯中，利用微表情可以帮助判断犯罪嫌疑人是否存在欺骗行为。如果审讯时嫌疑人有快速的恐惧、轻蔑等表情（出现微表情），那么就提醒了审讯者需要做进一步调查。**阿尔德特·弗瑞和其他研究者**用嫌犯在新闻发布会上的视频作为研究材料——其中一个嫌犯在视频中声称女友失踪并显得很真诚地呼吁女友回到自己身边——而最终证明是他杀害了女友。他们对该嫌疑人的采访视频进行分析后，发现了一个短暂的微笑！这虽然不能证明他在撒谎，但至少从中可见端倪。

加州大学伯克利分校的心理学家琳恩·布林克（Leanne ten Brinke）等人研究了假释申请审查过程中可能涉及的悔恨情绪，发现被试在欺骗时（假装很悔恨自己过往的错误行为），会产生更多的微表情，并且在一个负性的微表情出现后，通常不是紧跟一个中性表情（试图恢复平静），而是接着出现另外的表情（用其他表情来掩饰）。

美国心理学家埃克曼（Ekman）等人发现，警察、测谎仪专家、法官等司法人员的欺骗检测能力和精神病学家、大学生人群一样，对欺骗检测的准确率处于随机水平。但是，从事秘密工作的特工人员平均能达到64％的准确率，这些人里超过半数人员可以达到70％以上的准确率，有些人甚至有高达80％的正确率，而他们都具有出色的微表情识别能力。

在临床医学领域的应用

研究表明，只需要对他人快速地看一眼（观察其非言语信息，如面部表情），即可对他人的内在特质和状态等有相当准确的判断，甚至根据这种短暂信息对他人的未来进行预测也有一定的准确性。医生通常需要对病人进行各种评估，并可以利用这些短暂信息来帮助进行疾病的评估，如自杀企图等。

美国心理学家埃克曼和弗里森（Ekman & Friesen）通过分析一个重度抑郁症病人玛丽的访谈视频，发现了其自杀企图。当时玛丽请求治疗师允许其周末回家休养，她欺骗治疗师说自己已经完全康复，治疗师同意了她的出院请求。但就在出院前，玛丽承认她想回家自杀。他们仔细分析了玛丽和治疗师的谈话录像，不停地慢速播放视频，希望能找到一些玛丽欺骗治疗师（企图自杀）的蛛丝马迹。终于他们发现，当玛丽回答关于未来计划的问题时，脸上有一丝不易察觉的绝望表情（微表情）闪过。

病人通常会有疼痛的表情，但真正的疼痛表情和假装的疼痛表情在频率和强度上都存在差异，在表情的时间特性上（如持续时间、连贯性等）也存在差异。一些儿童病人常常会假装十分疼痛（获得大人的同情从而满足其非分的愿望）或者假装不痛（避免吃药），这都会误导医生对病情的判断。通过对微表情的观察，可更准确地判断其真实疼痛程度，从而做出更准确的诊断。与利用微表情进行疼痛判断相关的另一个应用是，判断运动员是否假摔，及其是否相应地假装疼痛，在这一方面的研究想必会更好地帮助裁判进行公正的裁决。

未来，当你在职场上与对手商谈，抑或是在日常生活中与他人交流时，当你不确定他的话是虚是实的时候，不妨试着观察他的表情。倘若发现一丝转瞬即逝、略显违和，或是与当时语境不太吻合的表情出现，或许就刚好嗅到了不实或欺骗的气息，从而逮着了微表情偷偷泄露出来的“小秘密”。

你以为穿了“隐身斗篷”，其实那只不过是“皇帝的新衣”

段锦云　王泽昊

生活中的我们几乎每时每刻都在观察和注意着身边的人，在地铁上、在咖啡厅、在排队等待时、在参加聚会时等等。在有其他人存在的种种场合，我们会花费时间去注视甚或揣摩他们：猜测他们的职业，他们是什么样的人，甚至去想象他们的经历。然而，尽管我们会如此观察别人，却不太去想其实自己也正在被观察着。

事实上，从逻辑的角度来讲，我们观察别人的时间和次数在绝大部分情况下不可能高于其他人观察我们自己的时间和次数。这并不难理解，因为在你关注其他人的时候可能会有更多人在关注着你。但是实际情况却是：人们通常会认为自己观察别人的时间多于别人观察自己的时间，这种认知上的偏差被心理学研究者称为**“隐形斗篷错觉”**。

为了证明这种幻觉的存在，研究者进行了多项实验。实验结果无一例外，都表明无论是在候车室，在食堂，抑或是在朋友们的身边，**人们对于观察都会有这样的信念：相信自己比其他人有更多的观察行为，相信自己比其他人更少被别人观察，认为自己观察别人多于别人观察自己。**也就是说，当人们在审视世界的时候，会相对地忽略自身的存在，就像是身处一件“隐身斗篷”的庇护之下。

那么“隐身斗篷”为什么会存在？心理学研究者对此做出了相应的解释。

首先，人们更倾向于认为自己非常善于观察社会，觉得自己比别人更擅长观察；并且在注视着别人并思考的同时，别人不太会做同样的事。这是因为，比起别人，人们对于自己的观察行为有着更大的心理易得性，对于自己心理的一些组成部分，包括感觉、目的、动机等，都更容易察觉得到。这也是另外的一个心理现象，**自我中心偏差**（比如，人们往往在合作项目中认为自己的贡献要多于他人的贡献）的原因之一。

简言之，因为人们更了解自己做了什么，所以对于这一部分的记忆和理解会更加深刻。与此相对，人们很难通过他人紧闭的双唇洞悉他心中的诸多想法；对于其他人的行为，我们只能通过对外在表现的观察来进行推测。因此，只要对方不是一直盯着你看，你大约不会想到他此刻可能也正在思考关于你的事情。

隐身斗篷存在的第二个原因在于，观察这个行为固有的社会性。你一定会经常与你的家人、朋友分享一些想法，当然也包括你对他人的观察。但是，在甲和乙聊天时，甲更愿意和乙分享他对于丙的观察与想法，而却极少分享他对于乙的观察与看法。这一定程度上是出于礼节，但是更多地在于顾及双方的面子，毕竟在大多数情况下，对你谈话的对象评头论足并不是一件有礼貌的事。就像当我们觉得我们注视的目光被观察对象发现时，我们会立即移开视线一样。我们在饭店里偷听另外一桌的谈话，或者注意聚会上某个人的时候，也会装作漫不经心的样子，力求不会被人察觉。因此，我们甚少能从其他人那里得到别人观察自己的信息，比起已知的自己观察别人的情况，自然也就少得多了。

此外，对于自己更少成为被观察客体的错误想法来源于另一个重要因素——人类的身体构造。人们在视觉上是面向这个世界的，人们自己身体的存在很大一部分是被“编辑”于视野之外的，而这是其他人所看得见的。这不单单是由于眼睛的位置，更是因为大脑处理信息的方式。举个例子，当你合上一只眼时，你可以用睁开的那只眼看到那侧的鼻子。同理，当你合上另一只眼，睁着的眼同样可以看到这一侧的鼻子。但是当你睁开双眼，鼻子就不再出现在你的视野当中了。这是因为，大脑已经默认了鼻子的存在，但由于没什么“作用”(对眼前的行动)，就将其忽略掉了。

我们的感觉器官更倾向于让我们接受周围世界的变化，而作为一个信息接收**主体**的我们，更容易忽略自己也是存在于这个世界的一个**客体**。我们的视觉系统的力量就是如此的强大。就算是同一个人，当他处于明亮的灯光下时你对他的印象，与他处在昏暗的灯光下时都是截然相反的。而感觉器官能够给我们编织出一件“隐身斗篷”也就不足为奇了。

所以，今后当你在偷偷地观察别人的时候，也要想到，此时可能有更多双眼睛也在注视和观察着你；别幻想身上有“隐身斗篷”，其实那只不过是“皇帝的新衣”——什么都没有。

世上所有的“美好”，大多出乎你的意料

段锦云

世上所有的美好，大多出乎你的意料。这固然部分是由于“出乎意料的，才更惊喜，才能称作美好”，但今天我们要说的不仅限于此。

美好的爱情，大多不期而遇

一见钟情、不期而至的惊喜，固然是美好的。但世上的一见钟情毕竟是极少数，尽管我们无比憧憬和羡慕它。更多的时候，人都是在苦苦等待中找到一个合适的人。我们无比努力地去找寻，想方设法去吸引对方，并采取行动或展示自己，但大多数时候还是以分手收场。在经年的学习、工作和生活中，我们与无数的人邂逅，又与无数的人擦肩而过。那个合适的人，往往是在茫茫人海中不期而遇的。可能是在学习工作的交集中渐渐互生好感，更有可能是在失败之后失望之时不期而遇，还有可能是在经受一次一次的打击、近乎无望之时无意发生。这其中的大多数场景，都不是我们策划得来，也不是如我们所期待而发生的。更多时候是，他刚好在那里，你路过，偶遇了；或者相反，你在那里，他路过，邂逅了。如果那天没去那儿，或者换了一条路走，你们也将擦肩而过。我们每天会走很多路、做很多事，在哪条路、什么时候会碰到你的他，是很难预测的。

最好的职业生涯，都是左冲右突，然后偶然击中

我们从小就开始想象或规划，将来该做什么。甚至在中学，就开始学习关于生涯规划的课程。然而，等毕业后走进社会，我们发现，一切都不如当初的想象。可能是，我们期待的职业并不如自己预想

的喜欢；可能是，虽然职业是自己喜欢的，但领导或企业文化实在让自己喜欢不起来，于是跳槽；也可能是，总觉得自己不知道到底喜欢什么，不停地跳槽，一两年一次，甚至更短；还有可能是，一直梦想着创业自己当老板，等攒够了钱鼓足了勇气，着手创业了，发现创业远比自己想象的复杂，也比自己想象的困难，或者创着创着发现了新的别的机会。

于是，我们在迷茫中寻找、尝试，左冲右突。有一天，你终于发现，比如，原来自己真正喜欢的是设计，以前却总想着做销售；或喜欢做的是销售，原来以为自己喜欢做老师；或原本并不那么喜欢自己的工作，但做出了一些成绩，得到了领导或客户好的评价，也因此就喜欢上了；又或者，以前是在咨询行业创业，后来发现培训更赚钱，因此抛弃了咨询从而专心做起了培训。这一切，都不是自己的预期，更不是自己的规划。有的是一步一步地尝试、反馈、改正和再尝试。

过去的“铁饭碗”现今早已不存在，现如今，一毕业就在一个企业（或单位）、就在一个岗位上干一辈子的人，也是极少数。大多数的我们，都是在左冲右突中度过自己的生涯早期，在不期而遇中发现属于自己的美好。

慕名已久的高人，得见时发现“不过如此”

金庸小说《天龙八部》里有一扫地僧，隐居于少林藏经阁，日常功课是扫地，看上去不过是一个上了年纪的“糟老头”。然而，他实际上精通医学、佛学和各派武学，还被认为是《天龙八部》中的第一高手。

公元384年（东晋），前秦将军、后凉太祖吕光攻陷了龟兹国（今新疆地区），招揽了得道高僧鸠摩罗什，吕光左看右看没觉得鸠摩罗什有什么特别的，年龄也不过30出头，便以常人对待，还逼他与龟兹王的女儿结了婚。但事实上，鸠摩罗什是中国佛教八宗之祖，翻译过《金刚经》等大量佛教典籍。

古人说，圣人不相，大白若辱。意思是，高人初初放在你身边，你常常是看不出来的；真正高洁廉明的人，时常也会被忽视甚至嫌弃。

我们一辈子会读很多书，其中总有些我们仰慕的作者。这些大家在我们心中无比高大上，但是，真走到他跟前，初看会发现他与常人并无二致，放在大街上可能也完全不会引人注意。甚至他说话完全不如书中展现的风趣幽默、滔滔不绝或灵光不断。但这一切，都丝毫不掩盖其智慧或高超的思辨力。当然，事情也存在另一种可能，“大道无术也无形”，真正的智慧有时听起来可能就是那么平淡无奇，初次听到可能也不会觉得有多么文采飞扬或妙语连珠，或许多年后才能理解其中的奥妙。

影响一生的大事，发生的时候平淡无奇

不期而遇的美好爱情，会影响你的一生；左冲右突偶然踏上的职业生涯，当然也会左右你的一生。或许，那天如果没有鼓起勇气给他

写那封完全没有把握的信，就不会有你们的现在；或许，如果不是当初鼓起勇气辞职（或考研），也不会有今天的成果；或许，如果不是当年试试运气开了那家淘宝店，也不会有今天的你……弗莱明不会想到自己发现的这种霉菌（青霉素），作用竟然如此之大，可以拯救无数人的生命；马云说自己从没想过会成为首富；银行很难想到杀死它们的竟然是支付宝/微信钱包这些“小应用”，它们原先可能以为是国际银行业巨头；出租车公司也不会想到杀死它们的竟然是滴滴/优步。有句话叫：“所有的伟大，都源于一个勇敢的开始。”在开始的当时，你不会预料到一个微小的行为竟然会改变自己的一生；在开始的当时，那一切看起来都如此平淡无奇。这个规律对伟人适用，对我们每一个平凡人也适用，对一个企业甚至一个国家很多时候同样适用。

与其预测未来，不如创造未来

宏观的未来，主流的社会趋势，在不长的时期内大体是可以预想的。但具体到个人，具体到特定事件，通常都无法预测。我不相信算命，也不相信星座，偶有说起不过是当作娱乐或谈资。生命如此难测，有时我们不得不用“缘分”来解释。正如自然界的地震，身体里的癌症都无法被预测一样，我们个人的未来，几乎也一样难以预测。如果偶有迷茫或迷失、不知如何行动的时候，记得把握好自己，着眼于局部和眼前，照顾好家人和亲朋。此外，记得如下行动守则：对自己和他人都有利的事，最值得去做；若找不到，则至少要做对自己有利但不损害别人的事；千万不要去做损人不利己的事，即使这件事情看起来多么泄愤或多么有面子。

总之，面对未来，现实而聪明的做法是：与其去预测，不如去创造！未来是做出来的，创造出来的，这个过程是“尝试—反馈—改变”的学习闭环；放下“我执”，凡事少问结果，多问过程，多去尝试，认真对待；同时，努力掌握正确的思考方法和身手技能，这大概是对多数人都有效的处世哲学。

第二章
朋友并非多多益善

锦云妙语

>>> 我们彼此相似，因而惺惺相惜；却因各不相同，所以体谅包容。

>>> 你以为自己太老实，但其实可能你不懂什么是边界。

>>> 有些人读再多的聪明书，还是个傻子；也有些人读再多的圣贤书，依然是个伪君子。

别人的朋友圈都比我的大？

施 蓓

回忆一下你刚刚升入中学或者进入一所新的大学，眼前的一切都是那么陌生，陌生的环境和人群，而周边好多人却好像早已结成了朋友，看着他们嬉笑打闹，好不快活。仿佛热闹都是属于别人的，只有孤独和落寞才真正属于自己。

我们不禁会在心底发问，为什么别人的交际圈子都那么广泛，认识很多的朋友和熟人，却只有我形单影只？

事实真的是这样吗？

为了验证这一社会现象，研究者调查了一千多名大一新生，让他们评估开学半学期以来，自己和同龄人分别结交的亲密朋友和社交熟人的数目，以及在过去一周内单独活动和与人社交的平均时间百分比（相对于总的清静时间）。研究结果发现，**学生们普遍认为同龄人比自己拥有更大的社交圈子，比自己拥有更多的朋友**，而且花费了更多的时间在社交活动上。此外，研究还进一步发现，无论是对于普通同龄人还是自己的亲密好友，这种误解都真实地存在着。

要解释这一奇怪的心理现象，归根结底我们还要从社会比较上说起。社会比较是指，我们通常喜欢用其他人作为参考点，来评估我们自己的特质和能力，这是一种基本的行为倾向，甚至可以说是人类的天性。生活中，我们总是忍不住将自己与他人进行比较，以评估和理解我们的能力、社会地位甚至是幸福感；特别是当外部或客观评估标准不存在时，人们更加喜欢进行社会比较。比如，小时候每当拿着一张“惨不忍睹”的期末试卷回家时，家长总会说，“看看隔壁张阿姨家的儿子门门功课全优，再看看你自己”，于是那时的我们都有了一个共同的敌人——别人家的孩子。

然而，当我们在与同龄人比较时，又通常会有自我增强的倾向。在一些比较简单或常规的任务上，我们总是对自己抱有不切实际的积极信念，并且认为自己比一般人好。学者将这种过高定位自己的现象称为“优于常人”效应。

例如，早在1981年心理学家斯文森（Svenson）的一项研究就发现，90%的司机认为自己的驾驶能力要好于一般司机。事实上，“优于常人”的效应还表征在多个领域，比如智力、技能、人际吸引力等等。

可以说，大部分人都觉得自己比别人强，长相更加漂亮、帅气，性格更加有魅力，以及那些很糟糕的事情更大概率会发生在别人身上而非自己身上，自己本该是最特别的、被上帝眷顾的那个人，等等。跳出个人的层面，往往一个国家在进行比较时也会高估自己的军事力量，认为自己的军队强于他国的，这常被用来解释某个国家为什么会不惜一切代价去发动战争。

相应地，研究者们又发现了“差于常人”自我消隐效应。人们并非在所有情况下都觉得自己优于平均水平，当任务复杂或成功的几率非常小的时候，人们往往认为自己要差于一般人。

例如，鲜少有人认为自己能活过一百岁，或者有生之年能够拥有一架私人飞机。另外，最近还有研究表明，**人们普遍认为自己在情感生活中比同龄人更糟糕：他们高估了同龄人的积极情感，而低估了同龄人的消极情绪。**究其原因可能是人们在公众场合会比独处时感受到更多快乐，并且，人们常常会抑制自己在公众场合的负面情绪（不表达出来）。正如在社交媒体方兴未艾的今天，越来越多的人喜欢在朋友圈里晒聚会、晒幸福（很少晒不开心），处于情绪低谷的我们会困惑为什么别人的生活都如此的丰富多彩！然而，事实可能不是这样，只是别人情绪低落的时候，你未必知道而已。

纵然和别人比较是人的天性，是为了进行自我定位，更好地认识自己，但在该过程中也存在着不少陷阱。因为在与人比较中，你可能会时不时地质疑自己的选择，迷失自己的（人生）方向；另外，当自己处于人生低谷时，一味地和比自己好的人比较，更会让自己陷入悲伤与自卑等消极情绪之中。

那么，如何保全自己，不在这比较之中落入陷阱呢？方法其实也不难：我们要对自己有一个清晰、稳定的认知与定位，明白自己所需，认清、认可自己的角色、身份与地位，尊重自己的生活，坚定信念，和那些真正认可自己的人建立良好的关系，如此才不致迷失，进而做最好的自己。

朋友越多越幸福？凡事追求“最大化”的副作用

邹义文

请想象以下场景：

一个周五晚上，一位刚认识的新同事/同学邀请你去参加派对，这个派对听起来很有意思，还可以认识一些有趣的人；但在承诺参加派对之前，你想知道死党周五都有什么计划；同时，你还知道另外一群朋友打算去看电影，跟他们一起去玩似乎更开心。由于不清楚每个选择的具体细节，因此你很难决定是否去参加派对，不断考虑到底如何选择才让自己更满意。

在这种情况下，你无法获得完整的信息做决策，却又必须尽快决定。

美国著名心理学家、1978 年诺贝尔经济学奖获得者司马贺曾提出**满意原则**的决策策略，使用这种策略的人**往往会选择一个“足够好”的、能让自己满意的选项**，这个选项绝不是“最优解”。司马贺认为，复杂多变的环境中，做出“绝对理性”的“最优决策”是很难甚或不可能的。

尽管人在决策时会受到各种约束，但还是会尽量考虑每一个可能的信息。为了捕捉这种趋势的个体差异，美国斯沃斯莫尔学院社会心理学教授施瓦茨(Schwartz)等人又提出了最大化的决策策略，而这种策略或多或少与满意原则相反。**在遵从最大化策略时，人们只有在评估了所有的选择并找到了符合他们高标准的选择之后，才会做出最终选择。**

最大化策略

日常生活中，我们常常会遇到为了购买一件衣服而跑遍整个商场的情况，“货比三家”就是最大化决策的典例。现如今，随着互联网电商平台的发展，人们坐在家中动动手指就可以“货比 N 家”，详细比对各个产品的细节信息，最终拿下自己最心仪的宝贝。电商这一巨大的信息共享平台成了人们追求“最大化”的强效助力剂。

那么，是什么因素在引导人们追求最大化呢？以往研究表明，最大化与向上的比较相关，即与更好的选项或标准对照。心理学家伊加尔(Iyengar)等则认为，追求最大化与人们对各种信息源的依赖有关，这些人往往将重点放在了收集信息的过程，而忽略了做决策才是最终目的。此外，追求最大化还与过度纠结有关，这类追求最大化者总会不断考虑是否放弃某些选项……由此看来，最大化的诱惑力实在是不小。

但是，最大化策略并不总是好的。近年来，最大化策略被证实会降低人们的幸福感、乐观、自尊和生活满意度，还会导致过度的完美主义倾向，继而出现抑郁情绪。著名社会心理学家施瓦茨(Schwartz)认为，出现这些消极的影响是因为，最大化策略会导致人们对备选方案的反复思考和持续评估，从而带来更多的不满足和更低的幸福感。

最大化策略会降低幸福感

研究者纽曼(Newman)等人进一步在友谊选择这一具体情境中验证了最大化策略与幸福感之间的关系。

该研究的第一个实验，主要检验友谊选择中的最大化策略和幸福感之间的关系。实验采用了最大化量表(Relational Maximization Scale，简称 RMS)来测量人们在友谊决策时的最大化倾向，包括替代性搜索、高标准和决策困难三个尺度；并测量了后悔值、生活满意度、对积极和消极情感的评估及个人自尊。

结果显示，RMS 得分和幸福感之间的负向关系，主要是由替代性搜索和决策困难两项的个体差异造成的，这两个分量表的得分与生活满意度、积极情绪和自尊呈负相关关系，与消极情绪和后悔呈正相关关系；相反，高标准分量表的得分与生活满意度和积极情绪呈正相关关系，与消极情绪、后悔或自尊无显著相关关系。

结果表明，最大化策略和幸福感呈负相关关系，即在友谊选择中使用最大化策略，会导致幸福感降低。

最大化策略缘何降低幸福感？关键在于后悔

实验二旨在研究在现实社会中，最大化策略倾向是如何导致幸福感降低的。实验主要对参与兄弟会和姐妹会的大学生进行问卷调查，分别测量了其 RMS、满意度、后悔度，并让被试评估积极和消极情绪；同时，让老会员们描述接受新会员时的感受及自己入会的决定，以检验最大化策略的长期影响。

数据表明，新入会成员 RMS 总得分与对当前组织的满意度负相关，并与后悔决定入会有关。这说明，在决定入会后，最大化策略倾向会对幸福感和满意度产生消极的影响，而这种关系正是由对参与招聘后悔引起的。另一方面，对于老会员们的调查数据显示，RMS 总得分与满意度呈负相关关系，与消极情绪呈正相关关系，受决定接收新成员的后悔程度影响。因此，后悔成了友谊决策的最大化与幸福感之间呈负向关系的原因。

该试验再一次验证了，友谊选择中的最大化策略倾向会导致幸福感降低，两者关系受后悔程度影响。

选择越多越会产生最大化策略倾向，幸福感则越低

由于最大化策略倾向者往往会对自己的决定感到后悔，因此选择数量的增多尤其不利于他们对自己决策的满意度。据此，实验三重点验证了选择的数量在最大化策略和幸福感负向关系中的调节效应，以每天遇到的新朋友或熟人的数量作为选择的数量。

结果发现，日常接触更多的新朋友或熟人时，最大化策略和幸福感之间的负向关系会更显著，选择数量的增多加剧了两者之间的关系。也就是说，当有更多选择的时候，人们在友谊决策中更容易有最

大化倾向，从而导致更低的幸福感。

看到这里，自称患有“选择困难症”的朋友大概要坐不住了，既然“最大化”策略陷你于如此境地，何不遵循自己的内心投奔“满意原则”呢？

或许最大化策略可以当作一个理想化的标准，但不必凡事都追求最大化。交友不比买卖，感情、婚姻等同理。因此，朋友不必强求太多，也许三两知己即可。另外，选择朋友时不应过多地权衡成本或回报，默契和内心满足更重要。

边界：让我们呵护彼此身上的“刺”

李　斐

“为什么你还不谈恋爱/不结婚？”

“公务员多稳定，为什么非要去创业？”

“那份工作多好，你为什么要辞职？”

“哎呀，先不要写作业了，先玩游戏吧？”

“老同学，能帮个忙吗？”

“……能借我点钱吗？”

我们常会面对来自家人和各路亲朋的关心，也会面对不熟悉的人或是同事、朋友提出的不合理要求，当我们面对类似上面的问题时会感到不舒服或是不满，原因在于你感到个人边界被侵犯了。

边界对中国人来说是一个比较模糊的概念，人们更注重亲密感，甚至认为关系足够亲密就可以不注重边界。比如，你的事就是我的事，我的事就是你的事。而这样的想法会使我们成为“侵犯者”或是“被侵犯者”，从而影响一段关系的持续性。但是在现代社会，人们更强调独立与隐私，你就是你，我就是我，我们是独立的个体。在与他人的交往中，设置个人边界，可以帮助我们保证一段关系的质量，使双方更愉快地相处。

何谓“个人边界”？

个人边界是指我们建起来的身体的、情感的、精神的界限，用来保护我们不受他人的操纵、利用和侵犯。个人边界让我们知道可以接受什么、不能接受什么，以及当别人越过这些界限时自己会如何反应。

个人边界主要有两种：身体层面的和心理层面的。

身体层面的边界是个人空间的边界，可通过言语和身体语言等表达。当一个人站得离你太近时，你会向后退；一个不熟悉的人进入你的房间，你会感到不适。这是因为你感到了对方对你的个人空间的侵犯。当你和别人见面时是握手还是拥抱，这也是身体边界的体现。

心理层面的边界是指在想法、观念和信仰等方面独立于他人。如果别人对你的评论让你感到不高兴，这时就是心理边界在发挥作用。如果一个人拥有脆弱的心理边界，就容易受到别人的言语、想法和行为的影响，从而感到痛苦。

一个通俗的比喻是，边界就如同我们身上的“刺”，每个人都有，或长或短，或软或硬，我们需要彼此呵护，不至于伤到别人或自己。

个人边界并没有一个固定的标准，每个人的边界可能都是不同的，而一个人对他人的边界的开放程度也是不同的。

什么是健康/不健康的个人边界？

不健康的个人边界是指，个体容易对他人的情绪和行为粗暴进行干涉，或者是期待他人对自己的情绪和行为进行干涉。拥有不健康个人边界的人，经常将他人的需求和感受看得比自己的更重要，不会拒绝别人。在生活中，一些人经常无法拒绝别人的要求，比如自己的事情还没有做完却被朋友要求一起出去逛街，这个时候尽管知道自己的事情还没做完，但是没有办法拒绝朋友的请求，这就是不健康的个人边界的表现。有人觉得自己和谁都挺自来熟的，不经过主人同意就动别人的东西；或者主动拉别人和自己一起吃饭，不管别人愿不愿意，这类人的个人边界就是不清晰的。

健康的个人边界是指，个体对自己的行为和情绪负责，同时不轻易干涉别人的行为和情绪。健康的个人边界应该是清晰的、保护性的、坚固但灵活的。健康的个人边界意味着“每个人都应该且仅应该对自己的人生负责”。当我们拥有健康的个人边界时，我们知道拒绝对方是出于对自己负责，而拒绝是因为对方“越界”；同时也能告知对方自己的边界，防止对方以后再次“越界”。

只有建立健康的个人边界，我们才能够真正地对自己的人生负责，并且更好地帮助他人、更好地与别人相处。

建立健康的个人边界

建立健康的个人边界的好处

◆ 当你建立了健康的个人边界之后，你可以明确自己不喜欢或是不能接受的事情，从而学会对别人合理说“不”。

◆ 明确并且满足自己的个人需要，而不是一味地满足别人的需要。

◆ 尊重别人的边界。有脆弱边界的人更可能冒犯别人的个人边界，一个有着健康的个人边界的人会更懂得尊重别人。

◆ 建立安全感。通过建立自我边界，清晰地确定自己的界限，是建立安全感的重要一步。

如何建立健康的个人边界？

◆ 作为一个成年人，需承担属于自己的责任，并真正对自己负责。需要明确自己的责任是什么，亲戚朋友的责任又是什么，不过分依赖于亲戚朋友，明确彼此的界限。

◆ 把自己放在第一位，不断强化自我意识。认可自己的重要性和价值，尊重和忠于自己的感受。只有先爱自己，才能更好地帮助别人。

◆ 明确自己的可承受范围。明确自己身体上及精神上的承受限度，明白自己的底线在哪里；凡事量力而行，清晰自我边界。

◆ 明确自己不能接受的事情。通过观察和反省自己，明确自己可以接受的和不能接受的事情。在与他人的交往过程中，如果他人做了你不能接受的事情，你可以与他人进行理性沟通，表明你的想法。

◆ 把别人的责任交还给他自己，当别人提出冒犯你的个人边界的请求时，适当地学会拒绝。明确自己的界限，不要过度承担别人的责任。同时，当别人提出不合理的要求时，也要学会拒绝。生活中很多烦恼都是由过度承担别人的责任、不会拒绝引起的，通过表明个人界限，并适当拒绝，反而有助于关系发展。

◆ 从小处开始练习。建立边界的过程应从小由大，循序渐进地推进。先从不会造成大损失的边界关系开始练习，再慢慢到更大的范围。

守好自己的边界，也尊重别人的边界，我们需要呵护好彼此身上的“刺”。为此，让我们近一点吧，因为我们都互相需要，但也不要太近，不要近得分不清哪个是你，哪个是我；我们可以互相离远一点，但是不要远得在我们彼此需要爱的时候，听不到对方的声音。

追求个人利益最大化，是否就会实现最大化？

段锦云

2017年的一部韩国电影《釜山行》，在没有宣传、完全通过口碑相传的情况下，就获得了大量关注。这部电影讲述的是与妻子感情破裂的男主角，在年幼的女儿的要求下，陪她去釜山看望前妻，在火车上遭遇被生化物质侵蚀的僵尸人攻击，经历集体逃难，最终牺牲，但保全了女儿的故事。

一路上抵御大量僵尸的情节贯穿始终，每个人只要被咬就也会很快变成又一个僵尸。男主角本是一个精明的金融分析师，过着体面的上层社会生活。他一开始也为了保护自己，不顾后边无辜的未被咬的人的生命，把一节车厢的门关上来抵挡僵尸；虽很快又打开了门，但这种行为已受到男二号的愤怒和责问，后由男二号的怀孕的妻子出面才制止了冲突。类似的情节多次上演。典型的还有，为了防止男主角等一批可能被咬的人进入安全车厢，两节车厢的人僵持、互攻，最后男主角一方撬开车门，但他们还是被猜疑已被咬而被赶去了下一节安全车厢……

这与我们生活中的情节不无相似之处：上了拥挤公交的人，总想关上车门，而在下面苦苦等候的人，想方设法挤上去。挤公交风险没那么大，但如果涉及被僵尸咬，发生失去理智，进而丧失生命的情况，人们又会如何选择呢？

虽然是一部虚构的电影，但的确折射了残酷的社会现实。这不得不令人做一个延伸的思考，那就是：追求个人利益最大化，是否就会实现最大化？

我们都是经济理性人，都会追求个人利益。但是，是不是不顾一切地追求这一目标，它就会实现呢？

答案当然是否定的。

早期有关“社会两难”博弈的研究早已证明，**只想着自己的收益最大化，往往得不到最大化的结果，除非别人是傻子。**在这个“人们普遍智化”“信息透明”的时代，鲜有人会是傻子。因此，选择互相合作，才是保证自己利益，以及最大化集体收益的最好办法。

心理学中的格式塔理论讲“整体大于部分之和”，说明了团队合作的重要性。我们每个人能力有限，只有优势互补，才能形成一个整体。几万年前，我们现代人类的祖先——智人，之所以能战胜力量远大于我们的尼安德特人，以及体型上数倍甚至数十倍于我们的各种野兽，就在于我们的协作性。个人的脆弱性构成集体的反脆弱，个人的不脆弱构成集体的脆弱性。一个优秀的团队不需要人人都是全才，人人都是全才的团队反倒因为过分自信或不懂得妥协，而无法构成卓越团队，好的团队是人人都有一技之长，并互相弥补，从而形成有机整体。

如《釜山行》里面的例子，那个防止男主角等一批人进入的车厢里的人，最后反而先被僵尸攻陷，最终产生内讧，并先行被消灭。这真是一个反讽。精于算计的男主角，虽然一开始只想着自己和女儿，但他脑袋聪明、学习能力强，后来懂得了与男二号和好，并与男二号、男三号等人通力合作，最终在近乎绝境中，还是保全了女儿和男二号的妻子及其腹中的胎儿。其他几个细节也可证实男主角的高智商，比如，男主角首先发现僵尸不会开门，首先发现在黑暗中可以用声音引开僵尸，等等。

这从一个侧面也说明，**懂得与人合作，说起来简单，但并不是所有人都学得会。**总是有人以为，与人合作只是种说教；但真正聪明或有智慧的人，会从心底相信与人合作、与人为善的重要性。正如管理大师詹姆斯·马奇(James March)的发现，规避风险是一种长期学习的结果，而合作是规避风险的常见方式，一意孤行显然更加冒险。正所谓，一个人也许走得更快，但一群人则走得更远。

一个典型的对比是，那个中年的巴士公司常务，先是抵御男主角等人进入安全车厢，后是把别人推向僵尸而赢得自己逃跑的时间，处心积虑，自私自利，最终却还是没有逃过被僵尸咬的恶果。

这真是一部优秀的批判现实的电影。

对于我们来说，可以从中得到什么启示呢？现今社会，每个人变得越来越强大，变得日趋个人主义，这本身没有错，它属于社会大趋势。但是，不要忘记了，人是群居的动物，**我们在最大化自己能力和收益的同时，要懂得学会给予他人支持和温暖，这样才能形成共生共长的生态圈。**

对于生活中的我们，需要一方面个人积极进取，另一方面懂得合作共赢；一边追求自己想要的生活，另一边懂得关心、关爱他人；一边求索，一边不忘给予。左手舞剑，右手散花；一阴一阳，则谓之道也。

“做了后悔”还是“没做后悔”？让时间说话！

王国轩

后悔是个体认识或想象“如果先前采取其他行为其结果可能会更好”时产生的一种负性情绪。我们每个人几乎都经历过后悔的事情，例如“我好后悔因为粗心答错了题”“我不应该没有看好我的钱包”“我本应该鼓足勇气去追求那个女孩”等等。

不难发现，有时我们因为某些做过的事情而后悔，而有时又因为某些没有做过的事情而后悔。学者们根据先前采取行动或是未采取行动，将后悔分为作为后悔和不作为后悔。

由此，我们不禁疑问：做或不做，哪种会导致更高程度的后悔呢？

短期来看，做了后悔

心理学研究者米勒和泰勒（Miller & Taylor）用“21点”游戏作为实验材料，证明了“有所作为”较“不作为”的后悔更让人痛苦。

“21点”游戏的规则是：在游戏中，会发给你和庄家一些牌，牌的面值是累加的。如果你比庄家更接近21点，你就赢了。需要注意的是，如果超过21点，你会因为“爆牌”而输掉游戏。游戏开局时会发给你两张牌，然后你决定是否再加一张，如果你手中的牌已经很接近21点（如18点），很明显你要停止叫牌，以免“爆牌”。当你手中的牌小于10点时，很明显你需要再加一张牌。但当你手中的牌恰好是16点呢？你很难做出抉择，因为庄家手中的牌可能比你更接近21点，如果你再加一张牌，很可能“爆牌”。身处这种尴尬的境地，人们会更倾向于“加牌”还是“不加牌”？

他们编制了两个“21点”游戏的计算机程序。在“有所作为”版本中，每一局都会问被试是否要牌，如果要，就回答“是”。在“不作为”版本中每一局都会问被试是否“停牌”，如果被试想要牌，就需回答“否”。

结果发现，当前两张牌加起来等于16点时，在“有所作为”的要牌方式下，被试要牌的可能性较小，在“不作为”的要牌方式下，被试要牌的可能性更大。

被试不愿意再加一张牌，因为如果“爆牌”了，他们恨不得“打自

己一耳光”。与“不再要牌”而输掉游戏相比，因为“再要一张牌”而输掉游戏，更令人痛苦。

为什么“做了后悔”？

责任归因的解释。心理学研究者兰德曼和泽勒伯格(Landman & Zeelerberg)提出，由行动引发的结果将导致行动者更多地将结果归因到自己身上，引发更强的情感反应。

还有一种解释是美国心理学家卡纳曼和米勒(Kahneman & Miller)提出的，“有所作为”之所以比“不作为”更让人后悔，是因为在头脑中改变已采取的行为、去除已发生的行为，比改变未采取的行为、增加没有发生过的行为要容易。通俗地讲，“有所作为”的后悔较“不作为”的后悔更给人一种“赔了夫人又折兵”的感觉，从而让人感受到更大的损失。

长期来看，让我们遗憾终身的多半是我们的“不作为”

康奈尔大学的吉洛维奇和梅德韦克(Gilovich & Medvec)在1994年、1995年做了一项实验，内容是要求人们回忆人生结果，观察到了完全相反的结果。当被问及我们一生中最遗憾的事情时，63%的成年被试报告自己因“不作为”而感到遗憾，而报告自己因“有所作为”而感到遗憾的被试只占37%。由于“不作为”而感到遗憾的事情普遍有：错失了机遇、与家人和朋友在一起的时间太少……有些人后悔自己没做自己感兴趣的事情，如集邮、打高尔夫等，但没有人因为这些爱好会浪费时间而后悔。

可见，**人们在回忆人生的时候，令人遗憾的是没有做过某些事情，而不是自己做过某些事情。**

那么，人们为什么常常会“不作为”？

◆ **“动力场理论”的解释。**社会心理学之父库尔特·勒温（Kurt Lewin）的场理论提出，当一项行动是以行动开始的，在其后再由更多行动支持是容易实现的。而当一开始人们的失败是源于不行动，之后，他们也很难做出行动来改善环境。也就是说，人们更习惯于先前的惰力场，从而很难做出新的改变，有点像惯性。

◆ **不行动惯性。**心理学家皮特曼（Pittman）等人发现，当人们失去（不作为）一个有吸引力的机会后，对其后出现的机会倾向于继续无作为。对于行动所导致的后悔，人们可以有多种方式改善。而对于不行动导致的不良后果，人们往往会低估后续机会的价值，进而表现出持续的不作为行为。

后悔模式会随着时间的延长而变化

社会心理学家吉洛维奇和梅德韦克（Gilovich & Medvec）在1995年提出几种可能的原因：

回忆的过程中，我们很难理解当时自己为什么没有采取行动。

例如，今天我们无法理解当时为什么没有追求那个极具魅力的人；以及，是什么阻止我们获得更好的教育……

另外，过去显得特别大的障碍在今天看来微不足道。吉洛维奇在1993年要求康奈尔大学的毕业校友评定在某个学期增加一门课程对他们的影响，结果这些校友普遍认为，增加课程对其可能产生的影响是微不足道的。

没有走过的路是神秘而美好的，我们永远都不知道自己错过的浪漫是多么美好，或者错过的就职机会多么令人羡慕。已错过的机会只能存在于我们的想象中了，因此，它会一直萦绕在我们心头。

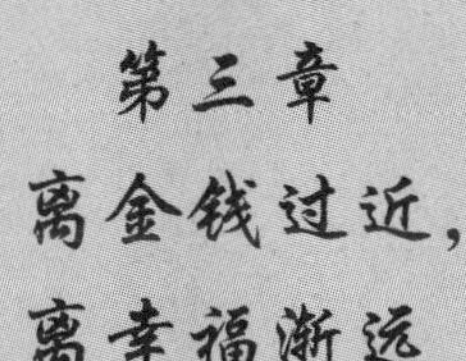

第三章 离金钱过近，离幸福渐远

锦云妙语

>>> 莫欺少年穷，莫贪老来富。

>>> 美至窒息之物，一定隐藏着危险。

>>> 专注即回报，善良即智慧，助人即助己；苦难生辉煌，烦恼生智慧；诚实是最好的策略；自私可以无私，无私也是自私。

如何花钱，让你更幸福？

陈　琳

有人说：我要赚很多很多的钱，这样才能让家人过上幸福的生活。

有人说：我要嫁给有钱人，这样才能更幸福。

钱和我们的幸福感紧密相关，在某种程度上甚至决定了我们的幸福感。但要说有钱一定就幸福，抑或是没钱就不会幸福，这些未免都太片面。

什么是幸福感？

我们常用幸福感来描述幸福的感觉，它是指个人根据自定的标准对其生活质量进行整体性评估而产生的主观体验，主要由情感和认知两种基本成分构成。其中情感成分包括积极情感和消极情感两个相对独立的维度，认知成分则指个体对自己生活满意程度的评价。

为了能更清楚地表达幸福感，美国经济学家萨缪尔森（Samuelson）提出了幸福方程式，即幸福＝效用/欲望。效用是一种心理感觉，是人从消费物品或享乐活动中获得的满足程度；如果欲望是既定的，效用越大就会越幸福。

金钱为什么能给我们带来快乐？

控制感

拥有强烈控制感的人更可能采取主动行为，为自己的目标努力奋斗，也更可能达到期望的目标，从而产生更多的满意感，这种结果反过来又增强了个体对生活及环境的控制感。因此，控制感调节了收入与生活满意度之间的关系。充裕的物质财富使人们相信自己能够控制生活中的方方面面，得到有利的经济资源，进而获得更高的幸福感。

目标

心理学家埃蒙斯（Emmons）认为，资源会通过影响人们实现目标的能力，间接影响幸福感。那些对人们实现自己的目标有利的社会资源会促进幸福感。从这个意义上来说，金钱能够使人们达成更多的目标，从而获得更多的幸福感。

动机

马里兰大学的教授斯里瓦斯塔瓦（Srivastava）将挣钱动机划分为10种：安全、维持家庭、市场价值、自豪、休闲、自由、冲动、慈善、社会比较、克服自我怀疑。经进一步因素分析而确定了3类动机：**积极的**

动机（前 4 种）、**行动的自由**（中间 4 种）和**消极的动机**（后 2 种）。

研究显示，当控制挣钱的动机，尤其是控制消极的动机（如社会比较、寻求权力、炫耀、克服自我怀疑），钱的重要性与幸福感之间的相关关系就消失了。研究还发现，积极的动机和行动的自由对幸福感的主效应不显著。这说明物质主义与幸福感的负相关正是由于受这些消极动机的影响。

金钱与幸福感的关系——“幸福悖论”

金钱作为一种社会资源，能够满足我们的欲望，但却不一定能最大化地满足。但假如幸福感的提升全部寄望于人们去学会“穷开心”，只要心态好，贫穷照样可以幸福的话，恐怕多少有些“站着说话不腰疼”的味道。追求幸福其实同样是“巧妇难为无米之炊”，经济收入也是幸福感的一个重要基础。因此，改善国民收入是提升幸福感的一个重要基础。

然而，美国南加州大学经济学教授理查德·伊斯特林（Easterlin）发现，在小康之前，一般而言人们的收入越高越幸福；但当收入达到一定水平后，幸福感不会再随着收入的增加而提高，即出现了“幸福悖论”。钱少，我们不开心，钱多了，我们不见得就一定幸福。

渴求理论认为，幸福感取决于收入渴求与实际收入之间的差距，而不仅仅是实际收入水平。如果保持收入渴求不变而增加实际收入，那么人们的幸福感就会提高。但是，研究者迈克布莱德

(McBride)提出，由于人们对增加的收入会表现出较快的适应倾向，其收入渴求会随着收入的增加而不断上升，从而大大减少收入增加带来的幸福感的增加，使得现实的幸福水平总是低于预期水平。

花钱有道，才会更快乐

虽然拥有金钱的数量与幸福感的关系不大，但是人们还是会热衷于对金钱的追求。金钱作为一种资源，它能让我们从社会中得到自己想要的一些东西。然而，生活中更多的情况是，即使我们拥有了很多钱，但在实现欲望的过程中，获得的心理满足感低，你依然会感到不那么幸福！那么，如何花钱，我们才能获得更大的效用，拥有更多、更长久的幸福体验呢？

花钱买体验比花钱买东西更让人快乐（如一次旅游 vs 买衣服、鞋包）。因为人们对一次体验的期望和记忆要远远多于某样事物，当购物已经无法带给你满足感的时候，尝试一次说走就走的旅行吧，一路远足，一路回望，一路留念，一路满足。

为他人花钱比给自己花钱要快乐得多。自己发了奖学金，给父母/朋友买个礼物，比奖励自己开心得多。如果仅仅满足自己的欲望已经无法带给你更多的满足感，不如多做一些有意义的事，比如捐助他人，参与一些公益活动，在他人困难之时伸出援助之手……这样，不仅他人会心存感激，你自己内心也是充实的。而且这也能够改善人际关系，而好的人际关系是幸福感的最重要的影响因素。

把钱花在更多的小事上，要比倾其所有购买一件大物件更快乐。比如，与其倾其所有购买一套房，不如拿这些钱买一辆车，再添置一些其他物品。这是因为，对于一件大物件，我们适应得很快，快乐感比较短暂；而对于很多新奇的小物件，可以让我们不停地接受新的刺激，而且更不容易受物品边际效应递减[①]的影响。

先付款后消费，相较于先消费后付款要更快乐。比如，刷信用卡延期付款这种先消费后付款的消费方式会诱发人们目光短浅的消费行为，从而容易导致负债累累，因此不如改成先付款后消费。

我们对一次经历的评估是会受到他人评估的影响的。哈佛大学社会心理学家丹尼尔·吉尔伯特（Daniel Gilbert）等人让被试评价和一个陌生人的相处的愉悦程度。研究者将被试分为两组，一组给他们呈现陌生人的照片和个人简介，而另一组呈现前一组被试与此人相处后的评估，再做愉悦度评估。结果发现，事先看到前人评估结果的那组被试在跟陌生人相处时会更愉快。

另外，组团消费会比独自消费体验到更多的快乐。当我们跟别人一起购物消费时，他人的意见会给我们提供有价值的信息，尤其是别人的一些愉快体验也会影响着我们对此消费的评价，这类似口口相传的口碑作用。

---

① 是指其他投入固定不变时，连续地增加某一种投入，所新增的产出或收益反而会逐渐减少。

谈钱伤感情？

吴宁宁

数字，不仅可以用来度量，有时候也是一种资本。王健林所言的大多数人穷其一生都难以望其项背的“一亿元小目标”曾很快成为热搜。万贯家财，体现的是社会贫富差距悬殊？还是对钱的趋之若鹜？

中国自古就有“亲兄弟明算账”的说法，似乎对于金钱的分配与归属总是要清楚划分、泾渭分明。同时又讲究“君子爱财，取之有道，用之有度”，规范了大众的金钱观。

那么，对于“谈钱伤感情”我们又该作何理解呢？

美国南加州大学经济学教授理查德·伊斯特林（Richard Easterlin）发现国民幸福感不会随着收入的增加而一直提高。在建设“和谐社会”的大背景下，探讨金钱对亲社会行为的影响，越来越引起研究者的关注。亲社会行为指一切自愿使他人获益的行为，包括助人、分享、谦让、合作、捐赠、遵守社会规则和关心公众利益等一切积极的、有社会责任感的行为。

为探究环境中提示金钱概念对个体心理行为产生的影响，明尼苏达大学的心理学家凯瑟琳·沃斯（Kathleen Vohs）等人首先将启动技术应用到了实验研究中，并提出了**自足理论（self-sufficiency theory）**。该理论认为，金钱概念启动（看到或想象金钱）可以引发一种（与个人特质无关的）自足状态，这种状态能够使个体一方面产生**自主动机**，即自足可以驱使个体追求自由，有效地达成个人目标；另一方面，会**产生人际疏离动机**，即由于陶醉在自我的世界中，使自足的个体对他人的感受不敏感，进而疏离他人。

也就是说，金钱使人自我满足，使得个体心理上的社交需求下降；即使是环境中不易觉察的金钱暗示，也会减少助人行为和利他行为，降低个体的合作性，对亲社会行为产生消极影响。

金钱概念启动技术是把金钱仅作为概念而不是实体，激活金钱概念能够对个体心理与行为产生一致且可以预测的影响，它开启了后续金钱研究的新思路。

此外，首届“菠萝科学奖”心理学奖获得者周欣悦等人通过系列研究，提出了金钱的**社会资源理论（money as social resource）**。该理论认为，金钱是一种有效的社会资源，可以让人掌控社会系统，可以在社会中得到自己想要的一些东西。周欣悦的研究还发现，数钱可以减轻疼痛感！

此外，金钱的存在会自然激发某种计算的思维方式，同时压抑真实的情感，比如畅销书《怪诞行为学》一书中提到的一个例子：

美国退休人员管理部门，询问一些律师是否愿意以较低的收费标准（30美元/时），帮助有需要的退休人员，结果总是不尽如人意。后来该组织改问律师们是否愿意免费提供服务，结果大多数律师都同意了。

人的大脑中存在着“市场规范”和“社会规范”两种不同的思维机制。在遵从市场规范时，人的行为由得失计算的结果支配；在遵从社会规范时，人的行为由相互性原则（一报还一报、以牙还牙、以眼还眼）支配。不涉及钱的时候，律师用社会规范思考，他们获得的是金钱以外的满足感和幸福感；涉及钱的问题时，律师会使用市场规范思考，他们获得的是得到金钱的满足感和幸福感。

在企业管理实践中，奖励推荐机制，即消费者向朋友推荐本企业提供的产品或服务，以为企业获取新客户和留住老客户，作为推销者的消费者所面对的心理活动便是这种市场规范与社会规范的冲突。而这也成为这一机制并未有效为企业盈利的重要原因。

所以，一谈钱（大脑开始调用市场规范思考问题），交情就没了（社会规范就随之而去），而且很难再找回来。所以，钱的确不是万能的，因此，我们可能需要理性谈钱，感性说情。

金钱是天使，还是魔鬼？

吴俏敏　段锦云

生活离不开钱。对金钱与幸福感的研究发现，金钱与幸福感具有“先成正向，再往后就没有关系”的关系。即便如此，人们总是会不停地通过获取和占有物质财富来追求幸福。

近期的研究开始关注金钱概念的激活对个体心理与行为产生的影响，以期找到金钱影响个体心理与行为的规律。

相比于拥有金钱少的人，人们拥有的金钱越多，越会产生频繁的积极情绪以及低频率的消极情绪。并且，为他人花钱可以增强人们的幸福感。

在现实生活中，夫妻之间对消费的不一致态度也会严重影响婚姻质量和幸福。

金钱与情感：有钱无情？

金钱概念的激活不仅影响人们自身的情感表达，还影响他们对别人的情感表达所做出的反应。研究者认为，人们在考虑到金钱时，更倾向于认为自己与他人处于商业关系中，这时若表达个人情感是不合适的。因此，金钱概念启动（看到或想象金钱）组的被试较少表达自身情感，并且对表达情感持有更消极的态度；此外，金钱启动组的被试在判断他人情感时会更加极端，并且倾向于躲避与"有强烈情绪表现的人"交流互动。

金钱与道德：为富不仁？

人们常说：金钱是万恶之源，这当然是对金钱的一种不实认知。金钱在道德上是中性的，并没有善恶之分。只是社会上出现的食品安全、网络诈骗等问题，诱发人们对社会道德的拷问，而这也引发了研究者对金钱与道德行为的研究。

研究发现，启动金钱概念的被试，会减少对他人的帮助行为，增加非道德行为，并降低对他人的共情。研究者认为，金钱概念的启动会使个体处于自足状态，这种状态使人们较少地提供（和要求）帮助。此时，人们倾向于认为，富裕的人有足够的资源和能力来处理生理上或心理上的疼痛，进而阻碍共情的发生。

加州大学的刘博士（Liu）和斯坦福大学的学者阿克（Aaker）分别比较了启动金钱概念和时间概念的两组被试对慈善事业的捐赠，结果发现，金钱概念启动组的被试捐赠的金钱较少。作者认为，金钱暗示增强了被试对价值最大化的寻求。Kouchaki 等人的研究采用造句任务启动金钱概念，然后让被试评估自己做出某种道德行为的可能性，结果发现，启动金钱概念的被试有更高的不道德行为倾向。

类似的，哈佛商学院助理教授惠兰斯（Whillans）和邓恩（Dunn）研究发现，视时间为金钱者会减少环保行为。作者认为，现在的美国人比20年前更不愿意参加环保行为，对此的解释是：由于长期按小时计算工资，他们增强了个人对时间的金钱价值判断。所以，当被启动工资由时间决定，或时间就是金钱等思维后，人们就会减少环保行为，哪怕是多走一段路去扔垃圾。不过，当人们被引导认为环保行为是自我利益的行为时，这种负面行为会消除。

金钱与人际关系：鱼和熊掌不可兼得？

许多研究也与“金钱是万恶之源”的思想相一致，认为人们对于金钱的渴望，会对人际关系产生负面影响。

沃顿商学院的营销学教授凯希·莫吉内尔（Cassie Mogilner）研究发现，人们对金钱的思考会阻碍自己去接近他人。例如，相比于启动时间概念的被试，启动金钱概念的被试，会花费更多的时间在工作（在电脑上阅读或工作）而不是社交上（在手机上聊天）。相似地，沃斯（Vohs）等人发现，金钱概念的暗示使个体更愿意进行个体活动（自己去上4节烹饪课）而非社会活动（与4个朋友一起吃晚饭）。

沃斯等人证实，金钱暗示能够激活个体的“市场—价格的思维模式”。在这种模式下，人们首先考虑的是自己能够从该人际关系中得到什么，并通过计算成本和收益来组织自己的社交活动。

然而，如果金钱激活了“市场—价格的思维模式”，个体因关注人际关系的输入和输出，将更有战略地进行人际交往而不是简单地将他人推开，也就是说，启动金钱概念的个体更乐意接触对实现自身目标有用的他人。相比较沃斯等人探究“金钱是否使人们表现出自我满足”，Teng 等人研究了“在什么样的情况下，被金钱启动的人会表现出自我满足”，并发现，当金钱启动的被试对自己的能力感到自信时，他们在完成任务时会更多地依赖自己，而不是依赖他人。

一项研究还发现：**金钱概念的启动提高了个人的表现，但是却没有阻碍人际合作。**这项研究实施于 NBA 球员即将签署新合同时期。结果发现，在他们将要签署一个新合同的前一年时间，他们的个人表现和合作能力都得到了提高。研究者认为，合作尽管没有个人表现重要，但也是薪水增加的一个预测因子，因此对于追求更高薪水的人来说，合作是明智的。

另外，有研究表明，如果某项活动（如吸烟）会损害自身利益（皮肤过早衰老），而不是他人利益，那么，启动金钱概念的被试更愿意改变自己的行为。这些研究揭示了，启动金钱概念的被试更乐意做对自己有益的事情。果真如此的话，在对达到个人目标有用的人际关系中，启动金钱概念的个体很有可能会表现出亲社会行为。

总之，金钱启动的研究说明，仅仅只是提示个体金钱概念的存在，其思维模式就会发生相应的变化（如“市场—价格的思维模式”），进而影响甚至改变人的行为。

迷恋金钱，男女有别

朱冰播

面对金钱的诱惑，人可能会处于不理智状态，一些人也喜爱用金钱来衡量他人对自己的感情，在他们眼中，金钱似乎也成了幸福的保障。

你对钱的感情是什么样的？

有不少研究者将人对待金钱的感情进行了归纳，其中最具代表性的是研究者戈德堡和刘易斯(Goldberg & Lewis)提出的金钱的四种情感象征：

安全感：有人会将金钱看作是可以缓解焦虑情绪的方法，而这样的人往往会强迫自己存钱，同时也不太信任他人。而有了金钱可以减少对他人的依赖，因此缓解了焦虑情绪。

权力：钱可以买到商品、服务和忠诚，也可以获得重要的地位和权力。倘若一个人身上没钱，他会感到很不自在甚至会有点羞辱感。

爱：金钱有时也会成为感情的代替品或象征。那些溺爱孩子给孩子很多钱的人和做慈善的人就是用金钱来换取爱。除此之外，金钱在与人交往的过程中会让人体会到被尊重。

自由：当一个人有了钱，生存有了保障，金钱就变成了自由的工具，可以做自己真正想做的事情。同时，它也可能会滋生贪婪、愤怒、怨恨等不良情绪。

女人视金钱为爱，男人视金钱为自由

一些人拥有的财富越多，越会导致其偏离理性、沉迷于购物或在赌场孤注一掷。但即便男人和女人都会陷入这般疯狂，金钱对人的迷惑还是存在性别差异的。英国伦敦大学学院心理学教授艾德里安·弗恩海姆(Adrian Furnham)等人对两性对待金钱的观念进行了调查，有 10 万多英国人参与了此次网络调查。一些问题是关于受访者在感到焦虑、无聊或者沮丧时是否会购物，另外一些问题围绕着跟金钱有关的自由、骄傲或是权力等情感。

结果发现，**女性多将金钱与爱情挂钩，而男性更倾向于视金钱为一种权力和自由的象征。**女性(相对于男性)对金钱更为敏感，因为脆弱的女性往往在社会上赚的钱没有男性多。调查也发现，购物也被选为女性解压的主要方式，这被称作是一种购物疗法。

大多数女性都爱将慷慨程度与金钱联系起来，来衡量他人对自己的重视程度，这不仅包括爱情，还涉及社会交往的方方面面。由于男女的经济观念不同，男性相比较而言更不爱花钱，而这也从一个侧面表现了“男人赚钱，女人花钱”的社会现象。

“买买买”！你是否有强迫性购物倾向？

孙露莹

随着网购的普及，“剁手党”“吃土党”们层出不穷，尤其是在“双十一”“双十二”“年终大促”这样的购物狂欢日，每年的网购成交量都在创新高。而在收到快递的那一天，很多人都会发现，这些物品常常并不在自己的最初购物计划中。这种冲动消费行为被称为强迫性购物。

什么是强迫性购物？

100多年前，德国心理学家克雷佩林（Kraepelin）就提出了“购物狂”的概念，很久以后心理学家才开始对这个话题感兴趣。研究者凯利特和博尔顿（Kellett & Bolton）将强迫性购买定义为，由不可抗拒和无法遏制的冲动引发过度消费，并在上面花费大量时间和金钱的行为。这种冲动很多时候由负面情绪引发，最终导致经济、人际甚至社会上的困难。

强迫性购买被定义为一种行为成瘾或冲动控制障碍，但目前并没有被列进DSM-5（神经发育障碍）诊断条目。如果你满足以下几个特征，那你有可能就是强迫性购物者：

◆ 无法控制自己购物的冲动，或无意识地频繁购物；

◆ 购物超出自己的经济能力，一直购买不需要的物品或购物时间远超预期；

◆ 不购物时感到不安、躁狂，需要通过购物来改善情绪或奖励自己；

◆ 想到他人的消费时感到痛苦。

为什么会产生强迫性购物？

拉布（Raab）等人发现，强迫性购买行为在年轻人中更容易发生，且以女性为主。那么，是什么导致了强迫性购买行为呢？

心理因素

疯狂购物最初主要是一种正强化，在没有达到强迫性的程度时，购物可以被看作是一种适应性行为，能够改善情绪；而随着强迫程度增加，疯狂购物就慢慢转变成负强化，用于摆脱负面情绪，如无聊、失意、焦虑或抑郁。

强迫性购物也可以看作是重复失败的自我监管，强迫性购物者往往有高水平的冲动行为，并在支出方面失去控制。

此外，认可物质价值、低自尊、完美主义、决策困难和自恋等，都与强迫性购物显著相关。相比于其他强迫性行为，如酗酒、暴食等，强迫性购物更可能是一种自我找寻的方式。

社会因素

社会因素和环境因素也在很大程度上影响着强迫性购物。消费主义观念、宣传、广告、信用卡的普及等，都会增加强迫性购物的可能性。尤其是在网络购物越来越普遍的今天，购物方便快捷、促销活动纷繁、产品图片精美、支付方式便捷多样等，都让强迫性购物行为越来越普遍。

如何减少强迫性购物？

当发现自己可能存在强迫性购物时，首先要正视这个问题，思考导致这种行为的深层原因。比如，是否存在不愿面对的负面情绪或压力事件？

其次，要认识到“买买买”并不能真正解决问题，快感是一时的，而疯狂购物后可能会出现失落、后悔、负罪感等负面情绪，以及加重今后的经济负担。

以下几个建议或许能在一定程度上缓解强迫性购物：

◆ 调整自己的认知，购物并不能真正缓解压力、解决情绪问题；

◆ 尽量不要在网上购物，而是选择与没有强迫性购物问题的小伙伴一起逛街；

◆ 使用现金而不是信用卡消费；

◆ 列出消费清单并严格遵守；

◆ 不要在饥饿或疲劳的时候购物。

从一张电影票的选择谈“心理账户”

张开华

你想看的电影上映了，你早早地约上小伙伴去影院。然而，看电影的路上可能并非一帆风顺，可能会出现以下场景：

情境 A：就在取完电影票的下一分钟，发现电影票不见了，上上下下、里里外外、左左右右都找不到，那么（假设还有座位）你愿意再花 30 元买张电影票吗？

情境 B：你在买电影票的前一分钟，发现自己丢了 30 元，你还愿意花 30 元买电影票吗？

早在 1981 年，著名心理学家、2002 年诺贝尔经济学奖获得者丹尼尔·卡尼曼（Daniel Kahneman）和阿莫斯·特沃斯基（Amos Tversky）就做过类似的实验——“演出实验”。实验中发现，在情境 A 中，大约一半的人愿意再买一张票；而在情境 B 中，绝大多数人仍愿意买票。虽然从支付金额上看，再买一张票或者丢钱了也买票实际都付出了 60 元。

那么如何去解释这些效应背后的原因呢？

2017 年诺贝尔经济学奖得主、芝加哥大学行为经济学家理查德·塞勒(Richard Thaler)提出个体潜意识中存在**"心理账户"(mental accounting)**。所谓心理账户，就是人们在心理上无意识地把财富划归不同的账户进行管理，不同的心理账户有不同的记账方式和心理运算规则，它是个人、家庭或企业在心理上对经济结果进行记录、编码、分类和估价的心理过程。

在我们假设的情境中，丢失的30元现金在心中可能属于温饱账户，而30元电影票属于娱乐账户，温饱账户与娱乐账户相互独立，温饱账户的损失并不计入娱乐账户，与看电影无关。而如果再买一张电影票，费用将计算在娱乐账户中，部分人觉得自己在娱乐账户中花费过多了，所以就改变了自己的选择。

在潜意识中，人们根据财富来源与支出划分出不同性质的多个分账户，每个分账户有单独的预算和支配规则，并且各个账户中的金额并不能轻易地转移。塞勒将此特点称之为**"非替代性"**。不同来源的财富、不同消费项目、不同存储方式所设立的心理账户之间都具有非替代性。

例如，"意外之财"和"辛苦得来的钱"之间就具有不可替代性。想想过年收的红包与平日里积攒的同样数额的零花钱相比，红包是不是用起来很快？

储存在不同心理账户的钱，比如日常支出账户和情感账户：平日里看中一双699元的运动鞋，不舍得下手，但过年回家却很愿意花699元给父母买件衣服，虽然实际钱数一样，但前者属于个人生活支出，后者在意识中属于情感支出，感受也不同。

心理账户的存在使得人们在做决策时往往会违背一些简单的经

济运算法则。人们在决策时的心理，如情感、动机、价值权衡、心理偏好等，都是影响决策的重要因素，也使得决策过程呈现出“非理性”的特征。

在消费领域，许多商家利用心理账户的特点，运用优惠券、返券等方式促进顾客消费。因为很多消费者将返券归于额外或者说是意外收入的心理账户，也就更容易去消费，购物体验也更欢乐。

而在金融投资领域，则存在一种有趣的现象：许多投资者总倾向于将亏损的股票留下，将盈利的股票卖出。亏损的股票不会被迅速抛掉，是因为投资者的心理账户与现实的投资账户往往不一致，只有当股票被卖出时才会切实感受到亏损的痛苦或盈利的快乐，为了减少心理的痛苦，就出现了这种非理性的决策。

在企业，每个员工都有自己的心理账户，企业如何发放薪资福利，将福利发到员工心坎里，使激励效果最大化，这也颇有讲究。不同企业的薪酬体系差异较大，向员工支付薪酬的形式众多，如工资、奖金、养老保险、各种过节礼品等福利。这些薪酬支出虽然在数值上具有绝对的可比性，但员工可能会根据自己感知到的薪资价值或支付形式的差异，形成不同的薪酬心理账户。当员工心理账户对收入的感知价值小于企业客观支付的经济价值时，企业薪酬激励效果也就大打折扣了。

那么，心理账户是如何运作的呢？

塞勒认为，人们在进行各个账户的心理运算时，实际上就是对各种选择的“损失—获益”进行估价，称之为**得与失的构架**。人们的心理运算过程并不是追求理性认知上的效用最大化，而是追求情感上的满意最大化，情感体验在人们的现实决策中起着重要作用。

说到这里，我们要谈谈卡尼曼的**“预期理论（prospect theory）”**。预期理论是描述性范式的一个决策模型，它假设风险决策过程分为编辑和评价两个过程。该理论中的**价值函数**能帮助我们很好地理解得与失及其所带来的情感体验。

根据价值函数图，可以看出：

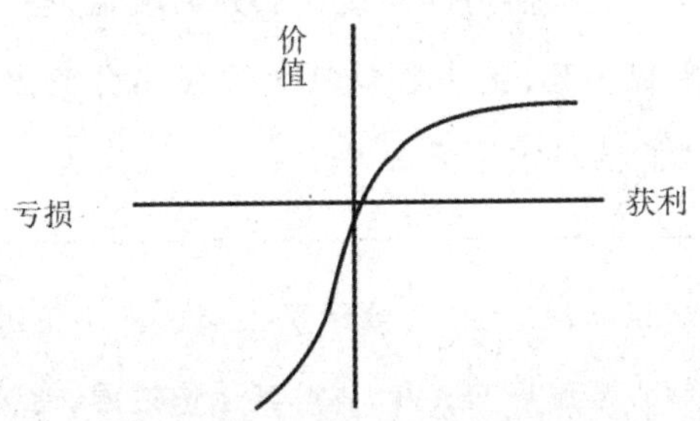

①得与失是一个相对的概念，是针对人的某一主观参照点而言的。

②价值函数是一条近似S形的曲线。离参照点（坐标原点）越近的差额人们越加敏感，对于越是远离参照点的差额越不敏感，得与失呈现敏感递减的规律。这可以解释为什么人们感觉10元与20元的差距要大于1000元和1010元的差距。

③根据曲线，我们发现损失100元的痛苦比获得100元的快乐的心理感受要强烈得多，因此人们往往更会规避损失。

根据这条曲线，我们进一步分析：

◆ 假如我想在微信中发红包，一共20元。根据曲线图，20元分两次发，每次10元，两次给小伙伴的喜悦之感要高于一次发20元。

同理，两次损失 10 元，比一次损失 20 元带来的痛，也更痛。

◆ 假如我收到 50 元红包，但我丢了 10 块钱呢？根据曲线图，或许我的情绪仍算 happy。

◆ 假如我丢了几百元的现金，但收到了好闺蜜的 50 元的安慰红包，或许只能稍微安抚受伤的心。要是只是损失 40 元，但同时收到了 50 元红包，我会觉得损失还能接受。

塞勒进一步将其概括为四条规则：**分离收益，整合损失，把小损失与大收益整合到一起，把小收益从大损失中分离出来。**这四条规则亦可运用到我们的日常生活中去。

心理账户的运用非常广泛，它揭示了人们进行决策时的内在认知过程。意识到心理账户的存在，了解其运作过程，能帮助我们更理性地去消费、投资，更好地管理自己的账户，更好地让金钱为我们的生活服务。

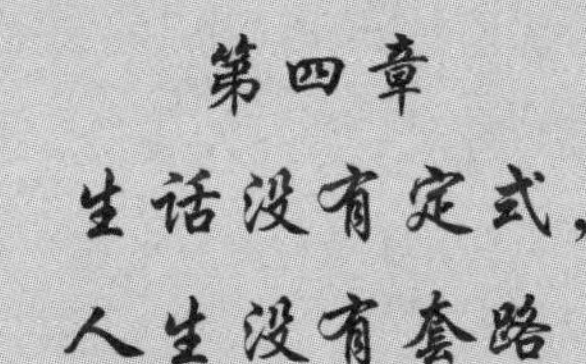

第四章 生话没有定式，人生没有套路

锦云妙语

>>> 快乐是空中飞过的小鸟,热闹而短暂;幸福是天空飘落的雪花,安静而深沉。

>>> 不平凡的举止,必有不平凡的经历或出发点。

>>> 出门遇贵人,但前提是你要有可贵的品质。

>>> 没有经历付出之“痛”的幸福,都是耍流氓。

>>> 择一业而从,觅一人去爱,选一城而终老。一往而情深。

不确定情境下人如何做决策？

段锦云

描述性决策研究是行为决策研究的主要代表。所谓行为决策，是指现实世界中的人的实际决策过程，这是一个有别于规范决策范式的复杂的认知过程。这条研究路径上曾产生过多位诺贝尔奖获得者，除心理学家丹尼尔·卡尼曼（Kahneman）、“行为经济学之父”理查德·塞勒（Thaler）等人之外，司马贺也确是标志性开创人物之一。

“有限理性”说

司马贺最早提出“有限理性”是在他 1955 年发表的文章中。[①] 他指出，人是有理性的，但理性是有限的，为指导真实人的决策行为，需要用一种符合实际的理性行为，取代“经济人”那种完全理性的行为。

---

① 原文见：Simon，H. A. (1955). A Behavioral Model of Rational Choice. *Quarterly Journal of Economics*，69：99 - 118.

此后，他又提出了“满意性”原则，并将其作为决策判断的标准。所谓“满意性”原则指的是，决策时个体并不考虑所有可能的选项及计算所有可能的结果，相反，仅考虑几个有限的选项，一旦感到满意就会停止搜索，并做出最终决策，这一过程又称“第一满意原则”。这一过程并不严格遵从效用最大化原则，实际上，不可能找到、也可能不存在所谓的“最优解（最大化）”。对于企业组织而言，企业在制订计划和对策时，不能也不适宜只考虑“最大化利润”这一目标，必须统筹兼顾，争取若干个相互矛盾的目标一同实现。这一理论的典型例子有“分享市场”“适当利润”“公平价格”和“社会效益”等。

受司马贺及其“有限理性”思想的启发，其后众多的行为决策研究发展、丰富了它的内涵，并产生了很多新的理论，而预期理论就是其中杰出的代表。

预期理论

预期理论（prospect theory）由卡尼曼和特沃斯基于 1979 年首次提出，其后两人在 1992 年做了进一步的补充和完善。预期理论认为决策过程包括两个阶段，分别是编辑阶段和评估阶段。

编辑阶段指对事件进行预处理和解析，该过程包括对信息的编码、合并、分离、取消等。

编码指个体设定参照点以对结果做收益或损失及其大小的判断；合并指把具有同一结果的概率相结合以简化决策方案，并对这种形式进行评价。

正是由于不同的个体采用不同的编辑方式，加上个体的固有认知差异和即时情绪的影响，才导致了对信息不同的理解和评估，也因此造成了差异化或“非理性”决策的产生。

预期理论在决策过程的编辑阶段提出了两个重要函数，即价值函数 $v(\chi_i)$和权重函数$\pi(p_i)$，两者对应于主观期望效用理论的效用和主观概率。同样，个体依据价值函数和权重函数乘积的大小来决策，从这个角度来看，它实际上是规范决策理论的发展。

$$V=\sum \pi(p_i)\cdot v(\chi_i)$$

然而，预期理论又不是期望效用理论（或主观期望效用理论）的简单补充，它更深刻真实地描述了现实世界中“复杂人”的决策过程，其中对价值函数和权重函数的研究就是表现之一。下面是价值函数公式：

$$v(x)=\begin{cases}x^{\alpha} & x\geqslant 0\text{ 时}\\ -\lambda(-x)^{\beta} & x<0\text{ 时}\end{cases}$$

其中 x 是真实财产数量，α和β是风险态度系数，λ是损失规避系数。价值函数曲线在亏损区域比在盈利区域呈现更明显的 S 形，如下图所示。

价值函数曲线包含了以下方面的信息：

◆ 中高概率时，在盈利情况下偏向保守，亏损情况下偏向冒险；而在小概率情况下，面临盈利或收益时也会冒险，如买彩票，面临损失时也偏向保守，如买保险；

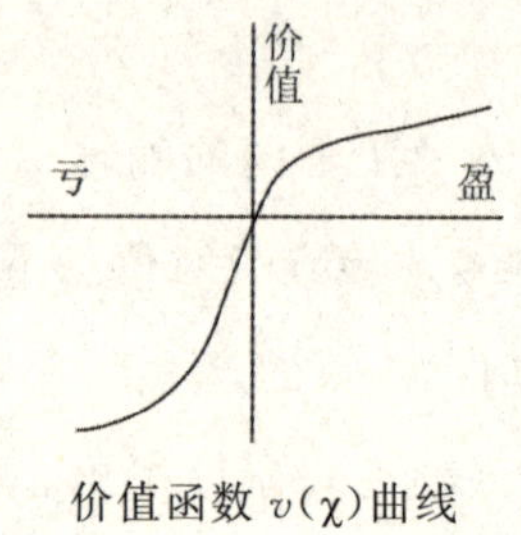

价值函数 $v(\chi)$ 曲线

◆ 损失规避(loss aversion)：在亏损区域的线条明显比盈利区域的陡峭，说明人们对损失比对盈利或收益更敏感，同样数量财产的损失带来的痛苦比该数量财产收益带来的快乐强烈得多；

◆ 敏感性递减(diminishing sensitivity)：在盈利和亏损区域都出现，越远离中心参照点、对相同数量财产差额越不敏感的、类似于边际效用递减的现象；

◆ 参照依赖(reference dependence)：财富的绝对数量不决定人们的决策与判断，而财富的变化，即相对数量，相对于某个参照点是盈还是亏，以及盈亏的数量，这些影响着人们的心理感受，进而对决策具有决定性作用。通常人们会把现状或 0 作为参照原点，而一旦改变参照点，决策偏好都会随之改变或出现偏好反转。

权重函数的公式是：

$$\pi(p)=\frac{p^r}{(p^r+(1-p)^r)^{1/r}}$$

其中 p 是客观概率，r 为权重系数。权重函数曲线如下图所示。

从权重函数及其曲线可以看出：

◆ 人们通常会高估小概率事件，即约 0.3 以下的概率事件，如赌

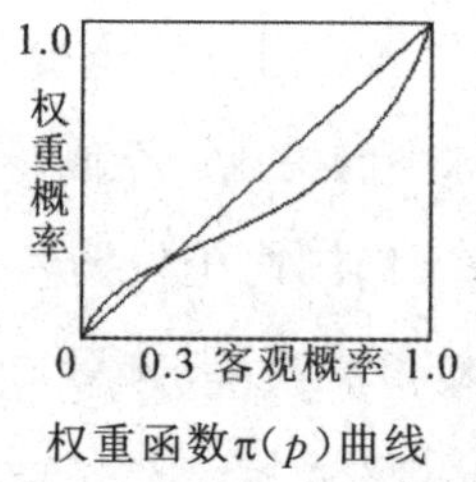

权重函数$\pi(p)$曲线

博、买彩票等；但另一方面，人们又容易低估中高概率事件，表现出一种类似中庸的倾向；

◆ 各互补概率事件的决策权重之和小于 1，$\pi(p)+\pi(1-p)<1$，也即次决定性；

◆ 靠近确定事件的边界属于概率评价中的突变范围，决策权重常常被忽视或放大，如阿莱悖论[①]所揭示的“接近必然时人们偏好安全”。

偏差性启发式

卡尼曼和特沃斯基指出，人们在不确定性状态中做判断的 3 种最重要的偏差性启发式包括：代表性、可得性以及锚定和调整。

代表性启发式是指，人们倾向于根据样本是否代表或类似总体来判断其出现的概率，代表性越高的样本其被判断的概率越高。例如，人们一般认为从 A 盒子(70 个红球、30 个白球)中取出 4 个白球、2 个红球的概率小于从 B 盒子(70 个白球、30 个红球)中取出同样球

① 决策论中的一个悖论，由法国经济学家莫里斯·阿莱斯提出，以此来证明效用理论，以及预期效用理论根据的理性选择公理，本身存在逻辑不一致的问题。

类的概率，这可以看作是代表性启发的作用，4 个白球、2 个红球的样本与 B 盒子中白球多红球少的构成更类似。

可得性启发式是指，人们倾向于根据客体或事件在知觉或记忆中的可得性程度来评估其相对频率，容易知觉到的或回想起的被判定为更常出现，如人们常觉得首字母为 K 的英文单词比第三个字母为 K 的英文单词多，但事实正好相反。

锚定和调整启发式是指，在判断过程中人们最初得到的信息会产生锚定效应，人们会以最初的信息为参照来调整对整个事件的估计，但评估过程往往不充分。例如，对 2 组被试分别提出下列两个问题：

第一题：8×7×6×5×4×3×2×1＝？

第二题：1×2×3×4×5×6×7×8＝？

要求被试在短时间内（如 15 秒）估计出其乘积，结果发现被试普遍对第一道题的估计的答案是 2250，对第二道题的估计的答案是 512，两者的差别很大，并都远远小于正确答案 40320。因为被试起先锚定于两题的最初信息，然后以此为基础做调整，而第一题的第一个数字显著大于第二题的第一个数字，所以产生了第一题答案显著大于第二题的结果，而且两个结果都小于真实答案。

这类启发式还有很多，它们都说明了人“有限理性”的特点。

面临不确定性，我们很难做到完全理性，而是遵循“满意原则”来做选择。世上从没有“最好”，只有“满意”。所以，把握眼下，懂得知足，也是我们不得不学会的人生智慧。

扔给你一块肉，小心那是一个陷阱

孙露莹　段锦云

请想象一下以下情景：

你打算去商场买一双鞋，在一家店看中了两款鞋子：

第一双是最新款，你非常喜欢，但价格超出了你的心理预期；

第二双款式旧一点，但比前一双便宜了200元。

正当你犹豫不决的时候，店家又拿出了第三款鞋子，这双鞋与第一款款式很相近，却比那双还要贵出100元。这时你会选择哪双鞋呢？

相信在这个时候很多人都会偏向第一双鞋。一开始的举棋不定在第三双鞋出现的时候就被化解了！这第三双鞋的出现，非但没有分散选择前两双鞋的概率，反而让第一双鞋呈现出了压倒性优势。这，就是今天我们要讲的“诱饵效应”！

何为诱饵效应

诱饵效应，也被称为不对称优势效应，由杜克大学福库商学院的教授乔尔·休伯(Joel Huber)等人于1982年首次提出。诱饵效应认为：**并不是所有新选项的出现都会分散已有选项的机会；相反，新选项(即诱饵)的出现可能会增加某个旧选项(即目标)的吸引力。**最常见的诱饵效应出现在“非对称压倒劣势”情形下，即新加入的选项在各方面都比目标选项差(但与竞争选项相比则各有长短)，此时，“全面压倒”诱饵的目标选项就会更有吸引力。

很著名的一个诱饵效应的例子是：

麻省理工学院管理学院的行为经济学教授给了学生三种订阅杂志的选项：

A.单订电子版59美元；

B.单订印刷版125美元；

C.订印刷版加电子版的套餐，125美元。

选择A的学生占16%，选择C的学生占84%，没有人选择B。

既然没有人选择B，那么去掉B选项后，该教授又让另一批学生在A与C当中选择，这一次选择A的学生占了68%，而选择C的比例下降到了32%！是什么原因使他们改变主意呢？正是B选项的诱饵效应！

这种有趣的诱饵效应不仅存在于人类群体中，同样也存在于动物界。

2015年，*Science*上报道过这么一篇研究：在求偶过程中，雌性泡蟾偏爱频率低、持久度高的雄性叫声，于是研究者在实验室模拟了泡蟾求偶的过程。

首先给80只雌性泡蟾呈现两种雄性泡蟾的求偶声：

A：频率低、持久度低。

B：频率低、持久度高。

毫无疑问，在这种情况下，B 叫声对雌性泡蟾更具有吸引力。

随后研究者在前两个选项的基础上又加入了 C 叫声（诱饵）：频率高、持久度低。这时，雌性泡蟾的偏好竟然发生了反转，更多雌性泡蟾选择了 A 叫声！没错，这种改变也正是因为 C 选项的诱饵作用！

为什么会产生诱饵效应？

对于诱饵效应的产生原因，目前存在不同的解释，比如：

权重转移。研究者佩蒂伯恩和韦德尔（Pettibone & Wedell）认为，加入诱饵改变了商品某一属性的权重。具体来说，当诱饵和目标商品都在某一个属性上比竞争商品强时，那个属性就显得更重要了，消费者也就更加注重该主导属性上几个商品的优劣。比如，在文章开头的例子中，出现第三双鞋后，鞋子的款式（而不是价格）成了主导属性。

损失厌恶。竞争商品可能在某些方面优于目标商品，但诱饵往往会在各个属性上都比目标商品差，当有诱饵商品作为参照时，目标商品呈现压倒性优势，此时选择目标商品就避免了“有得有失”的权衡。

如何借鉴诱饵效应？

除了文章开头所说的营销场合，诱饵效应还有很多用武之地。

例如，当公司管理层希望员工增加出勤率，设计了一项员工鼓励政策，告诉员工当该月全勤时，有两套奖励方案可选择：第一个是下个月增加 2 天的休假；第二个是发放 500 元奖金。正当员工纠结的时候，公司又给出了第三种方案：发放 300 元奖金加 200 元购书代金券。这时候，选择第二个方案的员工的比例就提高了！

或是在上交作业时，留意一下身边同学们交作业的顺序，找到一份合适的作业作为“诱饵”，将自己的作业设置成为“目标”，就能让自己的作业在众多“竞争者”中脱颖而出，抓住老师的眼球。

再如，在相亲时，带上一个在很多方面都与自己不相上下、但相貌略差的闺蜜，你相亲的成功率肯定会高于自己单枪匹马出战时的概率。

在购物场合中，我们要提高警惕，避免被商家设计的诱饵效应所蒙蔽，明确自己的核心诉求。另一方面，也可学着利用它，让诱饵效应帮助我们把工作生活打理得更好！

爱笑的女孩运气不会太差？

吴俏敏　段锦云

笑容越大越好吗？小心你的笑可能犯错！

在日常生活及工作中，笑一直被认为是给他人留下积极印象的手段。比如，我们通常会认为，发自肺腑地笑的人更善良、真诚且友好礼貌。大量研究也表明，笑，代表着积极的意图或赞成，它能够传递积极的信息，有助于良好人际关系的达成。人们默认笑容的作用总是积极的，而且笑得越大/越强烈越好。因此，人们有时会故意放大自己的积极情感，并期望获得正面的社会反馈。比如，服务业员工经常表现出夸张的笑容，来激发人们消费。

然而，研究表明，**笑容强度（大笑 vs 微笑）会影响人们对个体的社会判断。**

比如，下面图 1 两组照片，哪一种笑容让你觉得更温暖？

图 1　微笑与大笑照片对比

但是，若问你哪一个人更有能力，你的答案还是一样吗？

我们对别人的社会判断主要包括两个维度：温暖和能力。温暖指人们感知到的他人的意图，如善良、友好、值得信任等；而能力指人们知觉到的他人实施意图的能力，如智力、权力和技能等。

很多情况下，人们仅仅看一个人的照片就可以对其做出社会判断。例如，长一张婴儿脸的人（大又圆的眼睛、小鼻子、小嘴巴），会被认为是可接近的、诚实的。当一个公司的代言人是婴儿脸时，大众对该公司的负面新闻不会给予太多批评；当销售者是明星脸时，消费者会认为该销售员更值得信任，并对商品表现出更高的购买意向；等等。

笑容强度怎样影响社会判断？

一般情况下，人们觉得大笑的个体更加温暖。研究者认为，相比于微笑，大笑的个体更容易让别人感知到友好、可接近。例如，相比于微笑的妇女，人们认为，大笑的妇女更可能会在 27 岁结婚，而且不会在以后的生活中离婚。

然而，另一方面，人们又会觉得大笑的个体能力低！研究表明，笑是一种无意识的非言语信号，大笑意味着个体较弱的控制力，它意味着个体对现状满意，并不打算改变或提升目前的地位（听天由命、不负责任）。例如，在观察专业武术者的照片时，人们认为，大笑的武术者更容易输掉比赛；在动物领域的研究中也有一致的结果，黑猩猩露出牙齿，是一种服从和接受从属地位的信号。

想象现有一个宣传律师的广告，其中一条广告语强调"如果你想要**获得全部的赔偿金**，联系我处理你的案件"（促进定向）；另一条广告语强调"如果你在事故中**受了严重的伤害**，联系我处理你的案件"（预防定向）。那么，在这两条不同的广告宣传中，律师是大笑更好，还是微笑更好呢？

调节定向会影响消费者的信息感知和加工判断。一般来说，促进定向个体看重发展和成长，渴望目标的获得，对积极线索比较敏感；预防定向个体关心安全，避免失去，对消极线索更警惕。

研究发现，促进定向的消费者更关注笑的积极功能，认为大笑代表着对方乐意帮助，因此会感觉更温暖。相反，预防定向的消费者对潜在的消极结果十分警觉，更可能将大笑理解为技巧和能力的缺失，因此会认为对方的能力较低。

再试设想下，现在有一个免费的营养师为你提供指导服务。如图 2 中的左右两个营养师，你会选择哪一个？

在你选择之前告诉你这样一条信息：营养师的错误建议或不恰当的饮食调整，会导致严重的健康问题。看后你会选择哪一个？

研究发现，**当消费风险较高时，消费者会主动选择降低风险的消**

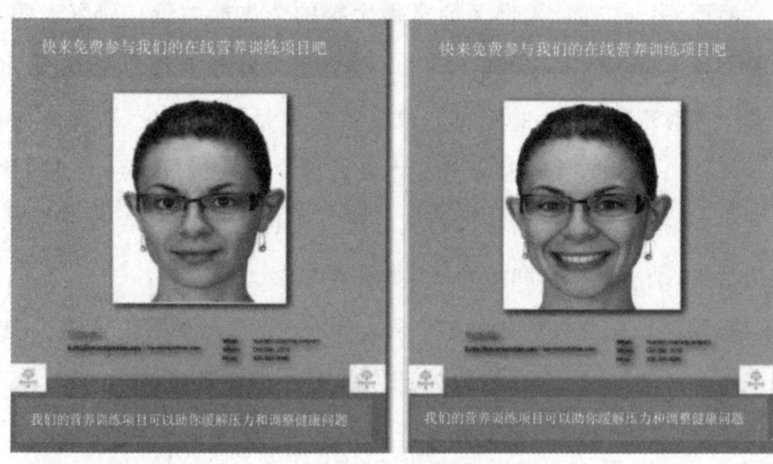

图 2　营养师的微笑与大笑

费策略，如依赖熟悉或著名的品牌或企业。因为，此时消费者更关注销售者的能力，来增强自己的决策信心，而大笑会让人觉得她没有能力，进而降低消费者的购买意愿。

而当消费风险低时，消费者决策失败的可能性很低，此时，他们更关心积极、满意的消费体验。此时大笑会让人更温暖，进而增加消费者的购买倾向。

现场研究还发现，**如果众筹平台的创建者保持微笑，那么收到的捐款数额更多；如果保持大笑，那么收到的捐款更少。**

由此我们可知，笑容并不是越大越好。在不同的情境下，即使一样的笑容也会产生不同的效果！

在工作邮件中加一个微笑？这可能也是错误的

如今人们的沟通和交流更多通过网络来完成，那么，在这种沟通中，网络中的笑脸符号与真实的笑容在印象形成中，是否有着相似的作用呢？

有研究者进行了三个实验，来检验在实际工作情境中，网络中的笑脸符号对第一印象的影响。结果发现，**与实际的微笑不同，网络中的笑脸符号不但不会增加温暖感知，反而会降低能力感知。**

实验一，让被试设想将与来自不同国家的三名学生合作，为希望出国留学的学生做一个演示，按照表1中的四种条件（队友的信息），评估该队友的温暖程度和工作能力。

表1　队友的四种条件和信息

条件	信息
条件1：中性脸（平衡了图片性别）	 
条件2：笑脸（平衡了图片性别）	

续 表

条件	信息
条件 3：没有笑脸符号的文本	大家好， 我的名字是 Alex，我只是想向大家问声好。 很高兴与你们合作，我建议我们可以尽快开始。 什么时候是在线与您见面的最佳时间呢？ 每个人都会用 Skype 吗？ 我期待着认识你们。 Alex
条件 4：有笑脸符号的文本	大家好， 我的名字是 Alex，我只是想向大家问声好。 很高兴与你们合作，我建议我们可以尽快开始。^_^O(∩_∩)O 什么时候是在线与您见面的最佳时间呢？ 每个人都会用 Skype 吗？ 我期待着认识你们。^_^O(∩_∩)O Alex

结果发现，笑脸符号对能力感知有负面影响，但是不会影响温暖感知。

实验二的操作与实验一相似，被试需要阅读一封邮件，该邮件是即将合作的队员发来的。之后，让被试评估这个队员的温暖程度和工作能力。研究结果再次发现，笑脸符号对能力感知有负面影响，进而影响信息分享。

实验三，让被试阅读一封新入职员工写给不熟悉的主管的邮件(见表 2)，询问员工会议/聚会等工作问题，邮件无笑脸符号或有两个笑脸符号。之后，被试需要评估这名员工的温暖程度和工作能力，再评价该邮件的合适性。

结果发现，**在正式场合，笑脸符号被认为是不合适的（不专业、幼稚），并消极地影响当事人的能力感知；而在非正式场合，笑脸符号是合适的，并对其温暖有积极影响。**

表 2　不同条件下的邮件信息

条件	正式	非正式
控制组	亲爱的 Sarah， 我的名字叫 Alex，我本周将在这里工作。 谢谢你邀请我参加周五的员工会议。 你能告诉我具体地点吗？ 非常感谢。 Alex	亲爱的 Sarah， 我的名字叫 Alex，我本周将在这里工作。 谢谢你邀请我参加周五的社交聚会。 你能告诉我具体地点吗？ 非常感谢。 Alex
笑脸符号组	亲爱的 Sarah， 我的名字叫 Alex，我本周将在这里工作。 ^_^O(∩_∩)O 谢谢你邀请我参加周五的员工会议。 你能告诉我具体地点吗？ ^_^O(∩_∩)O 非常感谢。 Alex	亲爱的 Sarah， 我的名字叫 Alex，我本周将在这里工作。 ^_^O(∩_∩)O 谢谢你邀请我参加周五的社交聚会。 你能告诉我具体地点吗？ ^_^O(∩_∩)O 非常感谢。 Alex

由此可见，有时笑容符号会对个体的第一印象产生消极的影响。研究为我们提供了一些指导，**在建立初步印象时，尤其是在正式或严肃的场合应该慎重使用笑脸符号。**

你的微笑可能会被眼神出卖

日常交往中，他人的目光注视也是一个包含丰富信息的线索，目光注视代表着个体当前的注意焦点，观察者可以通过这个线索来解释和预测他人的心理和行为。

目光注视的作用

目光注视包括直视和斜视。已有研究发现，直视的面孔比斜视面孔更具有吸引力，微笑面孔比中性面孔更具有吸引力。

然而，研究者琼斯(Jones)等人研究发现，在不同的注视方向下，人们对面孔的表情偏好也会有所不同。具体来说，**在直视条件下，微笑面孔的吸引力强于中性面孔；相反，在斜视条件下，中性面孔的吸引力强于微笑面孔。**

研究者在对眼睛注视的研究中，发现了目光接触效应和眼睛注视线索效应。

目光接触效应：感知到的他人的直视目光，会对正在进行或随后进行的其他认知产生影响。人类在进化过程中产生了对直视目光的敏感性，来自他人的直视吸引了被注视者，从而可能对后者在其他任务上的表现产生干扰。

注视线索效应：当眼睛注视的方向与随后出现的目标刺激位置一致时，被试对目标刺激的反应时更短、正确率更高；而当注视方向与随后的目标刺激位置不一致时，被试对目标的反应时更长、正确率更低。

眼睛注视线索包括三种类型：有效线索，即目标刺激出现位置与眼睛注视的方向一致；无效线索，即目标刺激出现位置与注视方向相反；中性条件，即眼睛直视被试，目标出现位置随机。

注视线索也能够用于欺骗

在体育竞技场上，有经验的篮球或足球运动员会看向一名队员，并快速将球传向完全相反方向，做出假动作以骗开对手，此时他的面孔就是欺骗面孔。

东安格利亚大学的学者贝利斯(Bayliss)和约克大学的学者蒂珀(Tipper)研究表明，人们会更加信任有效线索的合作面孔，而不是无效线索的欺骗面孔。然而，有趣的是，相比于合作欺骗面孔，欺骗面孔会给被试留下更深刻的印象。

在社交场合，(目光)注视行为起着关键作用，人们通过注视他人的眼睛来试图读懂对方的内心。

生活中，大多数情况下，人们对直视目光的个体有更深刻的记忆，并认为他们更值得信赖、更有吸引力；但需要注意的是，过长时间的目光直视也会增加被注视者的警惕和威胁感。

化妆还是素颜，这是个问题

施嘉逸

人们常说“女为悦己者容”，爱美是女孩的天性，而化妆打扮则是女孩儿们追求美丽的必经之路。但是近年来，“某明星素颜”这样的词汇屡次登上微博热搜榜，各家综艺节目也积极安排明星嘉宾素颜出镜。明星纷纷以素颜示人，这些行为会对女性产生怎样的影响呢？

一直以来，女性通过化妆尽力将自己修饰成符合大众审美的美女，通过使用化妆品遮盖面部的缺陷，突出自己的优点。从进化视角来看，美丽象征着健康、年轻。从文化角度来看，化妆也是一种文化的传承。无论从进化视角还是文化角度来看，化妆的女性都是非常有吸引力的。

显然，对于女性来说，在工作场所带妆很重要，化了妆的女性不仅外貌更有吸引力，自信和自尊等内在品质也随之提高。一项研究表明，78%的低自尊的女孩承认，如果无法确认自己看起来很好的话，她们会很难过，在公共场合会更加不舒服。很多女性不化妆的时候会很不自信，44%的女性认为自己化妆的时候比不化妆的时候更有魅力，与人相处更舒服。在这些女性中，16%的人认为自己不化妆的时候没有吸引力，14%的人不化妆的时候会感到自卑，另外14%的人认为不化妆就像没穿衣服一样，只有3%的女性认为自己不化妆的时候更有吸引力。

化妆可以改变人们对女性的印象。研究者纳什(Nash)等人进行过一项研究，要求男性和女性对两张女性图片进行评价，两张女性图片拍摄的都是同一位女士，区别在于一张图片化了妆，另一张是素颜。结果表明，无论是男性还是女性，都认为化妆的女性比素颜的女性更健康，更自信。而且他们都认为，化了妆的女性有更多的经济收入和更高的社会地位。

在另一项研究中，关注自己外貌的女性更愿意相信化妆有利于她们的社交活动。研究人员认为，这是一种自我实现预言：对自己的外貌不自信的女性坚信化妆能够让自己更美丽、更有吸引力，所以当她们化了妆之后会表现得更加自信，而她们的社交对象对她们的自信表现做出了积极的反应。

既然化妆有这么多好处，为什么还有那么多人歌颂素颜呢？

这其中的一个原因与化妆的伪饰有关。比如，学者罗伯逊(Robertson)等人的研究发现，频繁地使用化妆品常常与焦虑、自卑和控制欲有关，此时，化妆成为掩盖和伪饰的代名词。相反，化妆频率较低的女性表现出更高的自信、自尊和情绪稳定性。对自己的外貌比较自信的女性更容易接受素颜，通过素颜，她们向外界传达一个讯息：她们对自己的外貌很满意，希望别人能够接纳最真实的自己。

在最近的研究中，研究人员要求女性被试每天花 10 分钟不带任何目的地照镜子、观察自己。两周后，这些人表示更加接受自己的外貌了，而且更少地关注化妆；不仅如此，她们的焦虑有所减轻，对自己也更宽容了。

现代社会，化妆已经不局限于“为悦己者容”。化妆不仅给女性带来自信和认同，而且让女性每天都能经历一遍变美的过程。此外，从文化的视角来看，得体的妆容常常与礼貌和尊重有关，这会增加女性的社交资本。

减肥却越减越肥？

骆雯婕

肥胖和超重日益成为全球性的健康问题，根据世界卫生组织的调查，肥胖和超重的一个潜在原因是高卡路里快餐消费。即使身体质量指数处于正常范围的女性，在“苗条文化”审美理想（尤其针对女性）的支配下，也时常萌生“节食减肥”的想法并付诸行动。当我们谈起“减肥”这个词，最容易联想到的方式就是节食。

你有没有过这样的经历，看着身边苗条的妹子在夏天大秀身材，于是你下定决心要减肥，但是减肥的口号喊了好几年却从来没见瘦下来过，或是瘦了一段时间但最后却变得更胖……

为什么节食减肥那么难？

第一，日常饮食有习惯性。改变个人的饮食习惯非常具有挑战性，在改变饮食习惯（节食）的过程中需要监测和自律，这两者都是需要付出极大的努力的。

第二，与赌博等其他习惯不同，人们很难避免进食。饮食习惯很容易被规律性触发，将其称作"上瘾"也不为过。换句话说，每当一个人感到饥饿或面对食物刺激，被引起食欲，就很有可能回到旧有的饮食习惯，即放弃节食。

第三，饮食会形成即时奖励，如食欲的满足，而减肥和健康的奖励则更加遥远。人们需要强大的意志和自律来抵制即时满足的诱惑。

由于这些原因，许多人很难减肥成功。

回想一下你的减肥经历，是否在节食刚开始的时候给自己定了一个减肥目标，如一个月瘦几斤，并在开始减肥计划后会每天或每几天称体重，甚至有时候早上称一次晚上称一次，盼望着自己的减肥计划能有立竿见影的效果？

沉溺于美好的幻想可能导致节食者做着瘦身的白日梦，而不去进行更困难的节食目标追求。一项 1996 年由心理学家厄廷根

(Oettingen)主持的研究表明，专注于积极的结果是有害的，并不有利于目标的追求和实现。苏黎世大学的研究者弗罗因德和亨内克(Freund & Hennecke)等人的研究发现，对减肥有更大帮助的是将注意焦点放在减肥的过程上。

对节食过程的聚焦与监控和人们吃了什么而不是已经瘦了多少密切相关，从而使人们更容易遵守饮食限制，并降低饮食偏差的概率。其次，对节食过程而不是节食结果的关注，对因为某一次热量摄入超标(去抑制饮食)而想放弃节食的情况有很大帮助。如果人们对减肥的结果抱有很高的期待，去抑制饮食，很有可能被视作无法达到理想的减肥效果，从而降低了减肥者节食的动机，让减肥者更容易放弃。而当人们把注意力放在每一顿减肥餐上，将注意焦点放在减肥的过程上，某一顿热量摄入超标反而会让节食者在下一餐中更严格地遵守节食计划，而不是将其视作整个计划失败的信号而中断节食。

现在，我们摸到了一点成功减肥的门道，但成功瘦下来之后还有一个更大的敌人——“反弹”！节食者常常表现出体重循环情况，即成功减肥后体重又会增加，我们将其称为“溜溜球”效应。对于“溜溜球”效应的生理解释是，节食让代谢基础利率降低，让减重和维持体重变得更难。

美国德雷塞尔大学的研究者洛(Lowe)和他的同事发现，在肥胖者结束一轮节食后，会比节食前和没有节食过的肥胖者吃得更多，这种饮食摄入的增加可能是食物匮乏后的生理需要引起的；然而，也可能是由心理原因引起，在努力追求的重点目标实现之后，人们会尽情享受，因为他们觉得这是自己应得的。例如，节食者可能在自律和约束的日子结束之后，奖励自己吃喜欢的菜。

一项短期纵向研究考察了体重减轻和一周内减肥成功的效果。在6周内，126位超重女性报告了她们每周的体重和她们认为自己在节食过程中取得成功的行为（如改变饮食行为），以及期望的节食结果（如改善外表）。结果发现，在一周内成功的减肥结果会在接下来的一周内对减肥产生负面影响。这很类似于道德补偿效应：道德决策过程包含着一个动态而非静态的平衡，也就是说，道德决策可能按一个上上下下的模式进行，先前的道德行为会让人觉得获得了道德许可，进而让其接下来做出不道德的行为。

在节食过程中，自控力经常被用来抵制诱惑，但是自控资源是有限的，它可能会被消耗掉，从而削弱随后的自控能力。然而，在过程层面确定成功可以减少这种负面影响。更具体地说，当非常成功的减肥者认为自己在节食方法的实施上“做得很好”时，他们在接下来的一周里会更可能保持节食行为。将成功构建在过程水平上，可以将节食者的注意力从已经快达到的理想目标上分散，从而令其不会因为成功而对自己更宽容进而屈服于诱惑。

除了自控力，当前目标的完成度也是影响体重是否“反弹”的因素之一。当前的目标完成度不仅影响节食者随后的减肥动机，还影响其随后为目标付出更多努力的能力。在成果水平上确定成功将导致更大范围地减少随后实现目标的努力。

举个例子，当你计划一个月减重10斤，每天都严格执行饮食计划，现在已经减了8斤，如果你自得于已经取得的减肥成果，这很可能会让你更加容易屈服于美食的诱惑，“我已经做得很好了，奖励自己吃个炸鸡吧”，从而在接下来，对节食付出更少的努力。如果你自得于在减肥方法上的成果，可能并不会增强节食动机。

节食总是失败，可能是由于你总是沉溺于对减肥成果的幻想，“反弹”可能是因为之前在减肥上的成功让你接下来的行为更为放纵。

凡事真的多多益善吗？

段锦云

传统经济理性观认为，人们总是以收益最大化来做决策。因此，多比少好，人们总会选择数量更多或价值更大的选项，规避收益少和损失大的选项。人们也相信，同一选项放在另一情境下也不会改变人们对收益大的偏好。然而，以“有限理性”为出发点的行为决策研究推翻了上述观点。

偏好反转

对于以下两个（期望值相近的）赌注：

A：35/36 的概率获得 4 美元，1/36 的概率损失 1 美元。

B：11/36 的概率获得 16 美元，25/36 的概率损失 1.5 美元。

如果在吸引力等级评价时对某一赌注的评价更高，那么必然会对其确立更高的价格，反之亦然。但心理学家利希滕斯坦和斯洛维克（Lichtenstein & Slovic）发现，在等级评价时偏好 A 的人里均有超过一半的人对 B 的定价更高，而在等级评定时偏好 B 的人里对 A 定价更高的人却只占很少部分。为了证实偏好反转不是由动机缺失造成的，他们在拉斯维加斯的赌场用赌场老手作为被试，并且使用现金进行真实的赌博，结果发现该现象依然存在。

对彩票喜好的评定与概率具有更高的相关性，而定价则与损益值相关更高，这是最早研究发现的**偏好反转，它指因提问方式、情境或描述的改变，而导致偏好发生变化或逆转的现象。**美国行为科学家特沃斯基（Tversky）等人对此的解释是，评价目标的吸引力会因它与所提问题的兼容性而增加，比如，询问喜好时与概率更兼容，询问定价时与损益值更兼容，某种意义上询问也起到了一种启动的作用。

迄今为止，学界发现了多种偏好反转现象。如偏好反转还表现在，**人们对接受一物品愿意付出的价格和出让同一物品可以接受的价格之间的明显差异，或接受时重视成功概率而出让时则看重损益值，**都违反了传递性原则。

常见的“少更好”现象

“少更好”或“多即少”现象属于偏好反转的常见类型之一。该现

象指出，多不一定比少好，人们很多时候会选择“质”或“量”上更少的(正性)物品。

单独选择和放在一起选择，人的偏好会不一样

“少更好”心理告诉我们，人们并不都喜欢“多”的物品。

例如，芝加哥大学商学院终身教授奚恺元在分开展示 31 只部分有残缺(24 只以上无残缺)和 24 只没有残缺的套具时，人们普遍会选择后者，即使那 31 只餐具已包含了该 24 只餐具且还有其他完好的餐具。

同样，在单独分开评价时，与盛有 8 升装在未满的杯子里的冰淇淋相比，人们更偏好盛得满满的只有 7 升的冰淇淋(见图 1)，但当两者同时放在人们面前时，人们的选择又会相反。

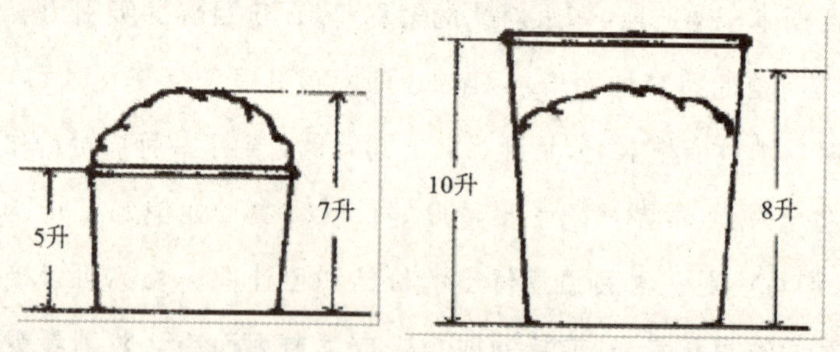

图 1　两种容量的冰淇淋

相同的价格，单独选择时，人们会选择左边的冰淇淋；摆在一起时，人们会选择右边的。

研究者用可评价性假设(evaluability hypothesis)来解释上述现象，即两个刺激项包含难评价特征和易评价特征，单独评价时易评价特征(是否是满的)的影响更明显，难评价特征(各自的量是多少)在

同时评价时的作用更大。因此形成的结果是，**选择偏好从同时评价时在难评价特征上占优的选项，转变到单独评价时在易评价特征上占优的选项。**

如对于餐具和冰淇淋的例子，单独评价时，“是否完整”成为易于评价的标准，因此导致了偏差的产生；而同时评价时，人们返回到“量上的多少”这个此时易于评价的标准上来。

奚恺元指出，当两个特征均是难评价的或都是易评价的时，则这种偏好反转即告消失。评价的难易与评价者对该特征的认识以及对产品在类别中的分布（确定与否）有关。上述研究结果在产品促销和求职以及相亲等行为中都具有重要的借鉴意义。

研究者巴特曼（Bateman）等人发现了另一可评价性假设的现象：给一个简单的非 0 选项加入小的损失会提高它的吸引力。比如，把：A 项“7/36 的概率赢得 9 美元，29/36 的概率盈利为 0”改为 A′项“7/36 的概率赢得 9 美元，29/36 的概率损失 5 美分”。

单独评价时，选择 A′人数的比例显著高于 A，即 A′对人们的吸引力显著高于 A；但放在一起同时评价时则回归到正常状态，对 A 的偏好大于 A′。该结果与奚恺元的研究具有一致性。

同样，可评价性也可以解释该现象，巴特曼认为，可评价性的核心在于，**情绪传达了意义和信息，小的 5 美分损失使得 9 美元的“感觉鲜活起来”，进而形成了鲜明的情绪色彩。**没有情绪，信息就缺乏意义，因此也不会影响决策的制定。且情绪反应是快速、自动产生的。该观点与情绪—信息等价模型（affect as information）一致，该模型提出，情绪附带着意义和信息，情绪影响我们在判断与决策过程中使用信息的能力。

详细列举，会增加人们的偏好

当人们把概括性的论述拆解成具体详细的细节时，其被判断的概率提高，虽然这些细节的描述范围不及概括性描述的范围。

比如，关于某药品的广告，A 广告的描述是“可以治疗所有××=0 方面的疾病”，B 广告的描述是“可以治疗 a、b、c、d 等所有××=0 方面的疾病”，当人们判断该药品有效或愿意支付的价格时，他们都倾向于 B，虽然××疾病（A 广告）已经包括了 a、b、c、d 等。这说明，更为详细的描述对决策者的决策判断起着积极的作用，从而偏好该选项。

银牌得主没有铜牌得主开心

康奈尔大学的心理学家维多利亚·麦维琪（Victoria Medvec）等人研究发现，**体育竞赛银牌得主没有铜牌得主高兴，其原因在于两类获奖人反事实思维上的差异。**银牌得主赛后的常见思维是“要是表现更好一点就得金牌了”或“太可惜了，只差一点”等（反事实思维），而铜牌得主的思维却是“至少得了奖牌”“要是稍微表现差点就什么都没有了”等等，前者带有明显的后悔性而后者带有明显的庆幸色彩，因此铜牌得主在心理上更显正面。

麦维琪等人提出，这种反事实思维是以事件的本来属性自动激发产生的，是一种类本能特性，而非个体的动机或目的驱动，且它会持续较长时间而非瞬间的偏好。

反事实思维具有功能价值，人们以在特定情境下维持最大的心理价值来产生反事实思维，如下向比较（想象更坏的结果，以铜牌得主为例）可以给人以安慰，而上向比较（想象更好的结果，以银牌得主为例）可以改善将来的表现。因此，希望将来再次参与或将来表现更好的人更可能产生上向比较的反事实思维，从而使人们的思维和决策更为理性。

负性事件的越少越好？

以上阐述的都是正面价值事物的偏好反转，负面价值的偏好反转则表现为对量上更多的负面事物的偏好。比如，研究者卡尼曼（Kahneman）等人让A组被试中把手放在恒定冰冷的水中，B组被试则先放在与A组一样冰冷的水中，时间一样长；待该实验时间结束后把B组被试的水温稍调高但仍处于不适的温度（远低于零度）。在两组被试各自做完实验后，调查发现，A组被试感觉更加不舒服，虽然在时间和“量”上B组被试体验了更多的“不适”。这一现象可用适应性来解释，B组被试有一个适应的时间，所以整个过程感觉没那么不舒服。

人们通常认为“多比少好”，人们总是偏好价值多的物品，这种遵循经济理性的思维已被“有限理性”“满意原则”等观点所取代。

情境会改变人们的选择偏好，人们并不会对某一选择抱始终不变的态度，即使给它增加正面的价值有时反而会减少对它的偏好。

偏好反转违背了规范决策的不变性原则，对传统理性人观点提出了严重挑战，并重塑了对人的决策判断过程的认识。更多的有限理性或非理性现象还广泛存在于感情、婚姻和幸福学当中，这些现象绝大部分都与经济人假设，即以追求最大化利益为目标无关。

佛祖座下，法号青蛙

郭昭君

2018年1月，《旅行青蛙》这款养生的“佛系”游戏，迅速受到广大“佛系青年”的喜爱。只要给它收拾好行囊，它就会自动出门远行。但是，旅行青蛙出不出门、什么时候出门、什么时候回来，全都是随机的。

“忽如一夜春风来”，一夜之间，仿佛大家都开始养“青蛙”了。微博被《旅行青蛙》爆屏，朋友圈里也“绿油油”一片，连央视节目的字幕也出现了它的身影。从朋友闲聊到人民日报评论，《旅行青蛙》的话题一再被提及。

“佛系”是什么？

2017 年 12 月，“佛系”一词开始在青年群体中流行，随后通过网络传播被更多网友发现并引起广泛共鸣。自此，“佛系”一词迅速晋升网红，成了网友们最喜欢往身上贴的标签。他们自称“佛系青年”，他们将“佛系”二字作为自己的生活指南，过着“佛系”人生。

这个网络热词代表着看淡一切，有也行，没有也行，心如止水，不争不抢。虽然当中有一个“佛”字，然而实际上与宗教信仰并没有关系，其本质是一种“丧文化”，与曾红极一时的“葛优躺”师出同门。

这一次，网友们甚至丧到念经。

心理学上，把这种“想做某事却做不了”的感受称之为“无力感”。这不禁让我又想到一个词：习得性无助，以及想到美国心理学家马丁·塞利格曼(Martin Seligman)的电击狗实验。

每当铃声响起，马丁就对笼子里的狗施以电击并对其进行观察。开始的时候，狗表现出挣扎并想要逃离——然而电击仍无法避免。如此反复多次后，即使实验者把笼门打开，习惯了必然会被电击的狗，在听到电击信号再次出现时，也不会再主动挣扎逃走。相反，它会在电击开始前就倒在地上呻吟，表现得痛苦不堪。本来可以采取行动避免痛苦，却选择相信电击一定会到来，放弃任何反抗，这就是“习得性无助”。

放在人身上也是一样，当在某事上连续受挫，认识到对结果的无能为力，人们可能就会放弃努力。在心理学上，结果不可控会导致习得性无助。习得性无助是一种消极的行为，这种无助的感觉甚至可以过度泛化到其他情景中。

不过，我们的“佛系青年”，还不至于用习得性无助来定性，因为“佛系青年”们从来没有放弃过“挣扎”。他们只是在压力和焦虑中，用“佛系”的态度来自我消解，其内核仍然是积极的。每当遇到什么糟心事，念一声“阿弥陀佛”，好像真的不那么难受了。

“佛系”能为我们带来什么呢？

“宠辱不惊，看庭前花开花落；去留无意，望天上云卷云舒。”

我佛系，我协调

美国社会心理学家利昂·费斯汀格(Leon Festinger)的认知失调理论(cognitive dissonance theory)指出，当一个人的态度和行为等的认知成分不一致时，从一个认知推断出另一个对立的认知导致的冲突会产生不舒适、不愉快的情绪，这种冲突促使个体采取行动来协调认知：改变行为，改变态度，或增加新的认知等。

比如，有挑剔的客户对你提出的方案吹毛求疵、言语粗鲁，你心想合作应该是双向选择，我是策划不是受气包，恨不得反唇相讥、甩手不干，但是你的敬业精神和道德修养不允许你这么做，你依然言语柔和、面带微笑，你在内心里说：“客户是上帝，如果我做得足够好他就会满意了，我既然收了钱就应该接受客户的意见，阿弥陀佛，他的不礼貌是对事不对人，没什么大不了的。”

又比如，你根本不着急找对象，但是在父母的要求下被迫去相亲，你不想相亲的态度和坐在餐厅相亲的行为形成了冲突，于是你对自己说：“怎么交朋友不是交啊，不一定非得以相亲为目的啊，阿弥陀佛，碰到志趣相投的做个朋友也没什么。”

就这样，我们用“佛系”，帮助协调自己的认知。

我佛系，我保护

防御性悲观概念由社会心理学家南希·坎托(Nancy Cantor)在20世纪80年代提出，指的是在过去的成就情境中取得过成功，但在面临新的相似的情境时，仍然设置不现实的低的期望水平，并反复思考事情的各种可能的负面结果。

防御性悲观能帮助你深入焦虑内部，将焦虑化整为零，并对它们一一采取充足准备。作为一种认知策略，防御性悲观在降低焦虑水平方面，比说服自己“一切都会好起来的”有用得多。

比如，你经过一年的刻苦学习后来参加注册会计师考试，考试过后，走出考场，“佛系青年”的你对自己说：“我来了，我战斗过。考过了，是对我的肯定；失败了，我也得到了自我提升，都不亏的。阿弥陀佛，大不了再来一次。”

“泰山崩于前而不改色”，因为我们早已在心里做了预设。

蛙虽啃老，但我爱它

《旅行青蛙》作为一个放置类游戏，没有等级的比较、没有排名的竞争、没有对战的激烈甚至游戏结果不完全受玩家控制。青蛙出门、青蛙回家、收益随缘，不用争不用抢，其简单的设定可以说是佛系本佛了。大家这么爱玩佛系游戏，都是真佛系吗？

在养蛙的风潮中，不同的人竟产生了极其复杂多样的感悟。有的人生生把佛系游戏玩出了焦虑，体味“为人父母”对远行孩子的担忧；有的人从蛙身上看到了自己的影子，独自在城市打拼，一个人吃饭工作旅行，走走停停；有的人开始思考起人际交往，疑惑为什么蛙比身边人更能带来心灵上的轻松和温暖……

《旅行青蛙》不过是手机上的应用软件而已，是虚拟世界里的代码，然而我们在玩游戏过程中的内心体验、情感流露却是切身而真实的。蛙是假的，它没有客观意义上的生命，不用担心它生病死亡，然而我们对它的爱和牵挂确是实实在在的。

在玩家们眼里，蛙是儿子，是朋友，是自己，这些角色，无一例外与我们有着密切的关系，喜欢这个游戏的人从来没有把它当作一只冷血动物来对待。

我们会对游戏角色产生情感吗？

美国心理学家霍顿与沃尔（Horton & Wohl）于1956年在《精神病学》杂志上发表文章提出“准社会交往”的概念，阐述了某些电视观众如何与其喜爱的电视人物或角色建立起想象的友谊和认同关系。文章中，他们提到，当地方新闻播音员在节目结束处说“晚安”时，很多观众会不由自主地回答“晚安”，就像家庭成员在睡前互道晚安一样。

2006 年，研究者路易斯(Lewis)等人根据准社会交往理论提出了游戏角色依恋的概念，当玩家与角色互动时，其情感投入程度与他们和亲密之人交往时相似。通过长期的互动，游戏玩家与游戏角色之间能够形成的紧密联系，即为角色依恋。

所以，当我们对游戏角色产生依恋时，会产生这样的感觉：你对它产生了友谊或其他情感，认同它的存在，认为它生活在游戏这样一个“真实”的世界里，你能够在一定程度上控制它的行动，你要对它的生活负责。

你关心蛙，挂念着它旅行在外是不是孤单一人，何时归家。待在没有蛙的家里，心里竟觉得空落落的，你反复看蛙寄回来的照片，替它招待朋友，不停地割草甚至“氪金”(支付费用)，只想着给蛙准备更好的行李。

你，依恋着你的蛙。

我们知道了自己对蛙有感情，这就够了吗？这个游戏能够在当下风靡甚至到了现象级的程度，它到底满足了我们什么？

台湾勤益科技大学的研究者 Lin 等人采用市场营销学中的“方法目的链”作为理论模型，通过深度访谈发现，玩家在游戏中追求的价值目标包括愉悦、成就感、与他人的情感。数据显示，《旅行青蛙》玩家在年龄分布方面，20～39 岁的中青年人群占比最多。“腾讯科技”微信公众号发文称，这些用户或为漂泊在外的年轻白领，或为大龄单身女青年。

很多背负梦想的“80后”“90后”在大城市打拼，他们白天行色匆匆，像上紧了的发条，而每当夜幕降临，回到独居的小屋满眼疲惫地面对窗外光河般流淌的车流和闪烁的霓虹时，内心难免泛起波澜。

人本主义心理学家马斯洛(Maslow)在1943年发表的《人类动机的理论》中提出了需要层次理论(Maslow's hierarchy of needs)，把需求分成生理需求、安全需求、爱和归属感、尊重和自我实现五类，依次由较低层次到较高层次排列。

爱和归属感的需要是指，个人对爱、友谊和对群体或团体组织归属的需要，如人们需要朋友、爱人、孩子，以及需要在群体中处于恰当位置，渴望得到社会与团体的认可和接受。如果这些需要得不到满足，个体便会产生强烈的孤独感、疏离感。

小小青蛙给予我们的，是爱和归属的满足。

点开《旅行青蛙》，轻快的背景音乐下，蛙读书、写字、吃饭、做手工，在家里乖乖地陪着你，即使它出门了，你也知道，不管旅行多久，它一定会回来。

蛙似乎不跟你说话，但彼此之间，却充满了情感的交流。每次旅行途中，它会给你寄照片、让你看风景，旅行回来还会给你捎纪念品。你爱着它，它也挂念着你。

小成本，长收益

另外，《旅行青蛙》所带来的情感需求的满足是低成本的。“养蛙”不同于“养娃”，蛙并不会生病或是死掉，也不会吵得你心烦意乱，你不需要面对现实生活中的巨大成本和高昂风险。即使有一天你冷落、闲置了它，不管多久，它都还在。

《旅行青蛙》又因其“佛系”属性，成为低成本游戏中的战斗蛙，相对于大型角色扮演类游戏如《魔兽世界》等，你不需要为游戏角色的成长投入大量的时间和精力。因此不管从什么方面看，蛙的陪伴都显得那么简单美好。

同时，蛙的存在，也让你意识到，即使孤身拼搏、身若浮萍，你依然坚强勇敢，拥有着强大的分享爱的能力。通过游戏，你更加理解自己。

游戏，给人们带来了快乐、疏解了压力，小小的青蛙，无欲无求爱旅行，跟着它一起生活，爱蛙爱自己，何乐而不为呢？

为什么懂得很多道理，依然过不好一生？

段锦云

“懂得很多道理，但依然过不好这一生”，这句台词自从韩寒的电影《后会无期》热播后就流行开来。

深刻，但通俗易懂；在句式上有冲突性；加之电影的卖座，于是这句话得以广泛流行。

符合这句话的事实不胜枚举，历史和现实中，有太多的聪明人，一生波折，或悲苦凄凉，或碌碌无为。辉煌如撒切尔夫人，在人生晚期却后悔地感慨“若时光倒流将不再从政”，因为从政让她冷落了家庭，以致与自己的子女关系疏远，最后的十年时光几乎都是一个人孤单度过。练达如胡雪岩，最终却落得个树倒猢狲散、郁郁而终的悲惨结局。聪明如张爱玲，长期孤苦伶仃一个人客居他乡，最后连去世多日都无人知晓……

为什么懂得很多道理，但依然过不好一生？

我们都知道懂得道理的不易，需要通过上学、自己阅读、主动请教，或借鉴别人的经验或从亲身经历中吸取教训的方式习得，这当中的每一步都十分不易。

过好这一生更是不易。一生很长，机遇、运气、大环境等等，各种不确定因素太多。研究表明，即便如智商这么重要的东西，它与一个人的收入和成功的关系也非常小，尤其是在缺乏公正机制的系统（劣治）中。所以，即便你很聪明，也很难保证就能获得高收入，更遑论掌控人生。另一方面，一个人的道德与收入的关系更小，所以变得有道德也不尽能令你成功（见下图）。

不过，一个人的道德与其人生幸福的关系更紧密，这是因为，幸福需要智慧，而善良是智慧的主要成分之一，显然一个善良的人通常是有道德的。而收入与幸福的关系是“先高后无”，即在小康之前，收入越高越可能幸福，迈过小康的门槛之后，两者之间基本就没有关系了。

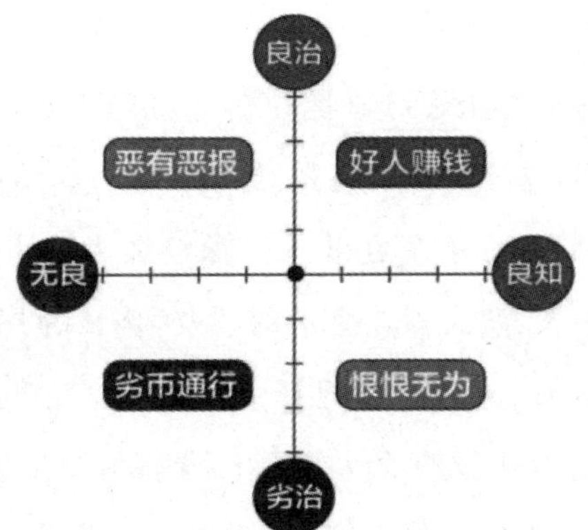

图 1　系统与个人作为的关系(摘自微信公众号“秦朔朋友圈”2018-01-29)

“懂得道理”和“过好一生”，就好比“知”和“行”的关系。对于两者之间的关系也曾有过很长时间的争论。知易行难？知难行易？知难行难？知行合一？各有各的道理，很难给出定论。但可以肯定的是，**“知”和“行”是不同的，而且两者之间隔着一条巨大的鸿沟，即便你懂得了很多道理，但离“过好一生”依然隔着十万八千里。**

举几个简单的例子。比如，学经济/金融的人，炒股不一定比普通人更赚钱；学管理学的人不一定能管理好一个企业；学好政治学与善于从政几乎也没什么关系；学心理学的人也不一定比普罗大众更善于调节心情……

那么，究竟如何过好这一生？

这个问题当然不好回答。**首先，“好的一生”并没有标准样式。**你很难说身处高位、家境富裕，就一定是“好的一生”。你不知道的是，也许他压力重重、束缚万千，也许他身心疲惫、身体不佳，也许他夫妻或亲子关系不睦。你也很难说生活在一个偏远安静农村的农妇，过着平凡朴素的日子就不是“好的一生”。她一家身体健康、平安和睦，尽管没多少钱，但见到她就看到一脸的满足和发自内心的笑容，那笑容告诉你，这样过也可能是“好的一生”。

也许身居小城的你羡慕在北上广深一线大城市工作的同学，或羡慕在美国、加拿大、澳大利亚生活的朋友，你认为那样过可能是“好的一生”。但你容易忽视的是，他每个月除去交房租或还房贷，收入已经所剩无几，也几乎没有个人生活；又或者，繁忙而例行性的工作留给他个人的事业或生活的空间十分狭小，他近乎一个打工机器，很难有可能自己来主导或开创一片事业天地，在所属群体的地位也没有你高。身处海外的朋友，他们过着好山好水但好无聊的生活，看到国内热火朝天、满地都是机会的大好情势，长期处于“回国还是不回”的纠结中不能自拔……

在一个公正的系统中，你付出越多，获得的也越多。不过这一付一得似乎又抹平了人生的幸福总值，因为获得当然是快乐的，但付出却意味着吃苦。付出和获得没有尽头，你可以 60 岁之前一直耕耘，60 之后再去享清福，也可以 30 岁之前耕耘，之后享受生活，孰好孰坏？没人说得清。中国人讲中庸之道，如何把握？这近乎一门艺术，因人而异。

其次，如何过，似乎也很难有标准答案。也许你想好了“好的一生”的样式，但要达到这样的目标并不容易。也许你的父母年纪大了，身体也不大好，或他们很难给你很多支持；或者你自己感觉工作能力还有待提升，外语不大好，工作经验还很缺乏；又或者，尽管自己足够好了，但却迟迟没碰到自己喜欢的另一半……这些都会禁锢你迈向“好的一生”之路。

所以，当我们在问这个问题的时候，就好比在问，“请告诉我，明天的股票到底是涨还是跌”“如何生一个跟我一样聪明或漂亮可爱的宝宝”，或者“什么时候有地震”“地球之外到底有没有生命”，甚至诸如“请告诉我，我大学读什么专业将来会更有前途”一样难以回答。

也许我们可以借鉴现代社会科学统计手段，**探索出一个概率的置信区间，来预估未来生活，比如95%的概率落在下限与上限之间，这个下限是最差的情形，上限是最好的情形，**这些情形包括机会、收入、职级、生活品质等等。但这也只是一个大的区间的粗略估计。即便如此，还有一个5%的例外情形是即便用现代统计手段都无法估计的。

我们也可以借鉴所谓的“第一性原理”来规划未来，即抛弃比较思维，明白自己的核心需求，按自己的意愿做选择，然后围绕这个核心需求或意愿而努力，忽略那些会干扰你的核心需求的因素。你的成就＝核心算法×大量重复动作，所谓“核心算法”就是你的“第一性原理”，而“大量重复动作”就是努力。

不过，这里又涉及一个问题，那就是：并不是每个人都明白自己的核心需求或意愿。孔子说“四十不惑”，其实过了四十谁又何尝没有困惑呢。那些早早就明白自己的核心需求的人，是幸福的，无论这种需求别人如何看待；而如果尚不明白，则要从心理最里层去寻找答案，不要囿于别人的眼光或现实，通常而言，那个夜深人静或午夜梦回之时来自心底的召唤，多半就是你的核心需求。

塞利格曼说，**人的幸福感取决于 PERMA，**分别是积极情绪(positive emotion)、投入/忘我(engagement)、人际关系(relationships)、意义感(meaning)和成就感(achievement)。其中人

际关系的权重最大，而人际关系的质量又优于数量。

最后，说出的话一定能被推翻，也没有人能穷尽人生之理。

懂得这些道理（知）了，就可以过好这一生了吗？显然不会，没那么容易。你的所作所为（行），以及环境，甚至老天爷是否眷顾，会更大限度地决定你的一生。时势造英雄，人的身份地位更大限度上是由环境和目标决定的，而我们能掌控的部分是有限的。

即便如此，还是要努力，越努力越幸运。尽人事听天命。不放弃一切努力，但看淡结果，重过程而轻结果。像拳手一般投入工作，像上帝一般看待结果。当你回首过往，请记得，你走过的路对你而言都是最佳路径。

为什么受伤的总是我？

肖凯文

为何佛家总说“众生皆苦”？为何生命这一袭华美的衣袍一定要爬满虱子？佛家讲求“回头是岸”，而“岸”又在何处呢？我们芸芸众生，真的只能在苦海之中挣扎吗？到底是什么让我们总觉得自己活在痛苦之中，难以得到幸福？

人生的确苦短，不过，我们的认知却又加重了这种苦短认知。

美国心理学家戴维达和吉洛维奇（Davidai & Gilovich）通过研究，发现了“顺风/逆风不对称效应”，并提出这是易得性偏差所导致的。

顺风/逆风不对称效应是指，人们在评估自己所遭受的苦难和所获得的幸福时的一种不平衡效应。人们通常会觉得，与别人相比，自己所遭受的痛苦和困难更多，而幸运和利益则更少。其原因在于，阻碍和困难需要我们付出额外的努力去克服，因此会占用更多的认知资源，从而使我们的记忆更加深刻，回忆时也更加容易。而幸运和利益并不需要我们过多努力，因此更容易被忽略。

由此看来，正是由于苦难和阻碍的感知性更强，因此导致我们错误地估计了困难在生命中出现的数量和比例，然而事实上你并没有你想的那么辛苦！

环境总是有利于对方党派

为了验证“顺风/逆风不对称效应”在政治领域中的影响，研究人员招募了100位被试，分别用7点量表测量被试的政治经验认知，5点量表测量被试的政治态度，[①]使用问卷调查了被试对于政党的态度（例如，你认为美国现有的政治制度更加有利于共和党还是民主党？）。

---

① 7点量表和5点量表分别是心理学中的测试方法，按照程度从完全相同到完全不相同分为7个或5个等级，下文9点量表亦同。

结果发现，被试都认为目前政治制度对于对方政党更加有利，并且越关心政治的被试身上这种效应越显著！

在政治倾向方面，认同民主党的被试表示政治制度更有利于共和党；而认同共和党的被试则表示政治制度更有利于民主党。在政治态度上，自我标榜政治态度“自由”或“非常自由”的被试认为制度偏向于共和党（偏向保守性质的党派）；而政治态度“保守”或“非常保守”的被试认为制度偏向于民主党（偏向自由性质的党派）；标榜“中立”或“温和”的被试则认为对双方均有利有弊。越关注政治、对政治越敏感的被试，这种“顺风/逆风效应”越显著。也就是说，两党面对相同的政治制度，却都认为当前制度对自己更为不利，而对对方政党更为有利。

你们知道我们球员有多努力吗

在该研究中，研究人员想要探讨，在没有明确要求被试将“顺风”和“逆风”进行比较的时候，人们会不会自发地将其进行比较，并且出现“顺风/逆风不对称效应”。这次的被试是在一个球迷俱乐部招募的，研究者让球迷判断最新的常规赛日程表，对于所支持的球队来说是一个好消息（如球队处于优势、这个赛季比之前容易等），还是坏消息（如球队处于劣势、这个赛季比之前更困难等），用5点量表进行计分。

结果显示，大部分球迷都集中于自己喜欢球队的阻碍和困难，且更加关注喜爱球队的缺点。其中，有41%的球迷更加关注球队在前方道路上的困难，而只有21%的球迷关注球队的既得利益。并且，球迷们对所喜爱球队的阻力的关注度比关注其优势的程度多几乎两倍。换句话说，球迷们总是认为，自己支持的球队在赛制上是处在不利地位的，如果他们想要获得胜利则需要比对手付出更多的努力，所以他们的胜利来得更加不易。然而，事实上每个球队都需要相同的努力，没有哪个球队可以很容易地赢球。

妈妈总是最爱你

为了进一步调查这种效应所出现的范围，研究人员设计了两项研究来验证关于家庭亲子关系气氛的“顺风/逆风不对称效应”。被试家庭中均有且只有2个孩子，研究用9点量表来进行调查。

结果发现，作为长子/长女的被试表示，父母对于年长的孩子更加严厉，而作为幼子/幼女的被试则认为父母是平等对待的。并且，作为长子/长女的被试表示，他们在成长过程中面临着比弟妹更多的困难和阻碍，而父母则对弟妹更加宽容；而作为幼子/幼女的被试表示，他们比哥哥姐姐有更多的困难和阻碍，而父母对双方同样宽容。

更有意思的是，无论是年长的孩子还是年幼的孩子，都表示父母对自己更加严格，标准也更高，自己常受到教训，而自己的兄弟姐妹则有更多鼓励和表扬，有更多自由，所以他们总是不可避免地认为，父母总是最爱自己的兄弟姐妹。

我的工作总是最累的

在该研究中，研究人员利用两种启发式问题，进一步证明“顺风/逆风不对称效应”。其一是：让被试估计一份名单中男性名人数量多还是女性名人数量多。一份名单中女性比男性更有名（但男女名人的数量相同），另一份名单中男性比女性更有名（男女名人数量也相同）。其二是：让被试完成两种关于造句方面的任务，即给被试两组相同数量的词汇，一组简单，一组困难，让其分别把这些词汇组成句子，然后让被试估计两种任务哪个更多（实际上是一样多的）。

结果发现，对于第一个问题，如果被试名单中女性名人更加有名，他们则会错误地估计女性名人更多；而如果男性名人更加有名，则会错误地估计男性名人更多。关于造句任务的第二个问题的结果表明，被试错误地估计困难任务比简单任务要多很多！这说明，当工作比较困难时，就需要更多认知资源来完成，这样你就会对于困难任务印象非常深刻，以至于你总觉得自己的工作是最累的。

其实我是最聪明的

在接下来的研究中，被试被要求与其对手进行辩论。在辩论之前有两列问题，一列是自己的问题（包括简单问题和困难问题），另一列是对手的问题（也同样包括简单的和困难的）。研究者要求被试记住自己列表中的问题和对手列表中的问题。

结果发现，被试更容易记住自己列表中的困难问题，而更易记住对手列表中的简单问题！

同时，被试会错误地认为，对手列表中的困难问题是自己列表里的，也会错误地认为自己列表中的简单问题是对手列表里的！换句话说，被试总是认为自己列表里的问题更加困难，因此如果输了只能说明出题不公平，而不能证明是自己的水平不够。

我的科研领域总是最困难的

最后，研究招募了两种会计师（实验型和非实验型），要求其判断各自的研究领域在"发表文章、找到工作、获得终身职位、获得科研资助"方面与对方相比，是更容易还是更困难。并用5点量表测量了其"道德灵活性"（例如：自我剽窃是可以允许的，如果两种期刊很不同的话可以同篇文章发表两次，等等）。研究人员假设，"顺风/逆风不对称效应"的增强，会导致人们对于道德模糊性的行为更加宽容，也就是更能接受一些有道德争议的行为。

结果发现，两种会计师（实验型和非实验型）都表示，自己的领域相较对方而言会面临更多困难。并且发现，突出被试的不利方面会导致"顺风/逆风不对称效应"更加失衡，此效应越失衡，被试对不道德行为越宽容！因为，他更加相信自己受到了不公平的对待。

我们实际上并不一定真的生活在无涯的“苦海”中，而是由于你对于苦难的记忆太过深刻，导致你遗忘了世界的美好！苦难的负能量遮住了你的双眼，导致你深陷其中无法自拔。这个世界从来不缺少美，只是缺少发现美的眼睛。所以，就算无边黑夜给了你黑色的眼睛，也请记得用它来寻找光明吧。

你需要沉默是金还是善意谎言？

王蒙蒙

想象一个场景：一位病人得了绝症，化疗对他也没有任何帮助，医生已确定没有其他的治疗方法可以帮助他。病人虽然已经做了最坏的打算，但是依然心怀希望找寻延长生命的方法。面对这种情况，医生是应该真诚地告诉病人对于他的病情已无计可施，还是讲善意的谎言，告诉病人自己也对未来的治疗方案持乐观的态度？抑或，保持沉默，让病人仍心怀希望？

医生们每天都会面临着这样的道德困境。他们必须决定在一些重要的时刻如何与脆弱的病人进行沟通。在这个例子中，医生可以如实地告知病人，从而让他们对剩下的时间有所规划。但是这种诚实，很可能会加重病人的病情。因此，医生可以通过讲善意的谎言或者沉默，从而阻止病人产生情绪困扰，也可以让病人在最后日子里心里安稳。

当然，这种选择困境不止于医学界。公司裁员，向朋友或者家人传递某些负面的信息等，沟通者必须决定是说出事实，还是提供虚假的善意安慰，或者保持沉默。

沉默是金？

生活中，我们总是被灌输这样的思想：如果你没有什么好话要说，那就什么也别说，特别是一些负面消息。相对于诚实地表达，仿佛人们更鼓励去克制自己的消极想法和感受，保持沉默，或者积极传递虚假的赞美。我们心怀善意做出的决定，真的可以被对方感受到吗？

作为信息的传达者和接受者，各自会偏爱哪种方式呢？研究者莱文（Levine）等人针对不同情境进行了探讨，研究结果表明，（作为当事人的）沟通者和沟通对象，他们对谎言和沉默有不一样的判断。**沟通者（比如医生）认为，相对于讲善意的谎言，隐瞒信息（比如沉默）是更道德的；而沟通对象（比如病人）的想法则恰恰相反，他们更倾向于善意的谎言！**

由此看来，针对谎言和隐瞒，沟通的双方有不一样的感受，是什么原因让认知产生了分歧？

以自我为中心的道德判断

从自我的角度评价这个世界，是人类本性的一个基本方面。因为我们对自己而非他人的想法和感受体会深刻，所以判断也倾向于以自我为中心。例如，**人们总是不经意地放大自己的问题，当我们出丑时总以为别人会注意到，其实并不总是这样；别人或许当时会注意到，可是事后马上就忘了，没有人会像你那样关注自己。**

以自我为中心更像是人的一种本能，我是，我想，我要，都是自我的表达。同样，这种以自我为中心的想法也反映在道德判断中。在我们的主观感受中，道德判断应该是客观而公正的。然而越来越多的研究表明，道德判断也会受到一系列偏见的无意识的影响，其中包括以自我为中心。

沟通者认为，善意的谎言比隐瞒更有损失，因此选择隐瞒。而沟通对象则认为善意的谎言比隐瞒更有益。首先，隐瞒增加了不确定性。如果病人对病情和治疗方法一无所知，就会感到焦虑和不安，甚至会想到比现在更坏的情况。对比来讲，隐瞒延长了这种不确定的状态，而善意的谎言则在短时间内缓解了这种状态。其次，由于善意的谎言可以增加目标对象的积极情绪和舒适感，从而增加他们的幸福感。

因此，**在面对需要传达负面的决策时，沟通者会倾向于沉默，而目标对象为了个人的利益会更喜欢善意的谎言。**同样，对不当的行为做出道德判断时，沟通者会认为沉默比谎言更道德，而目标对象认为善意的谎言比隐瞒事实更道德。

真正的善意是为对方思考

许多沟通者，比如医生，即使他们的动机是帮助目标对象，仍会出于个人的担忧而做出一些偏见的判断。这就是以自我为中心的道德判断。信息的传达者和接受者都会从自己的角度考虑损失和收益。传达者注重损失，接受者在意好处。

沟通者和目标对象不同偏好的差异会增加两者之间的怀疑和误解。尤其是在高风险的环境中（比如医疗行业），此时良好的伙伴关系是极其重要的。病人有可能会觉得医生是不道德的，从而失去对医生的信任，这种结果肯定不是医生所期望的。

因此，为了克服这种不对称，医疗沟通训练中应该鼓励医生了解病人的偏好而非完全忽略其信息。同样，在其他的选择困境中，我们也应该站在对方的角度去考虑结果，打破思维定式，做到真正为对方考虑。

海外经历带给我们什么？

施　蓓　段锦云

你是否有过这样的感觉："我经常感觉，只有去到世界的某个遥远地方，才能想起我自己到底是谁……跳脱熟悉的环境，离开身边的老友，改变日常生活习惯，被迫去体验异国他乡，这不可避免地让你意识到此时此刻，究竟自己是谁……"

时下，出国变得越来越普遍。我们时常想逃离自己熟悉的圈子，去探索外面的未知，毕竟世界那么大，我们都想出去看看。正如著名新闻工作者托马斯·弗里德曼(Thomas Friedman)所说，这个世界无形中正在变得越来越"平"。拥有一份海外的经历究竟给我们带来了什么？

海外经历有助于更清楚地认识自己

曾经有研究发现，过渡式的经历，如工作变动、感情分手，通常会降低自我概念的清晰度，通俗地说就是我们会变得越来越看不清自己。相反，去国外生活是一种罕见的过渡性经历，它可能会增强我们对自己的认识，甚至有助于心理健康、调整对生活的满意度以及提高日常的工作表现等等。

到了一个新环境，或许会有暂时性的混乱与不安，但是这种环境的特征是新颖的，往往有着与之前极其不同的文化规范、价值观与行为准则，而人们恰恰是根据自己的行为表现、价值观去了解自己究竟是谁。因此，当人们只待在自己熟悉的地方，就很少有机会去质疑推动自己思想和行为的信念，是否真正符合自己内在的核心价值观。相反，居住在国外时，这种自我反省的机会会相对多一些。

举个例子，大家都知道德国是有名的纪律之邦，德国人最重视守时，这可能是由个人价值观或文化规范所驱动。但当一个德国人到一个不以准时为规范的国家（比如法国，法国人通常不喜欢受时间制约，迟到是常见的事情）时，这个德国人就会被迫考虑，准时到底是一种自我决定的特质，还是仅仅是一种文化驱动行为？反复经历这些自我反省，最终便会形成更清晰的自我意识。

广泛的海外经历可能会引发不道德行为

但有研究同时发现，出国经历，特别是广泛而非深度的经历，会使人产生一些不道德行为。因为广泛的海外经历可能会会让人产生道德相对主义，让人相信道德是相对的而不是绝对的。

作为道德绝对主义的对立面，道德相对主义指出："正确"和"错误"是相对的，因为道德是文化/历史的产物。虽然海外经历赋予了人们打破心理规则的权力，但也可能会促使人们歪曲道德规则。当个体接触到不同的文化时，他们的道德指南可能就会失去一些精准度。目前的研究发现的不道德行为主要是说谎和欺骗，即一些有海外经历的人更容易“满嘴跑火车”，谎话连篇。至于其他的负面影响，仍待研究者的进一步探索。

这又让人想到，创造力和不道德常常有着一定的联系，循规蹈矩通常被认为是道德的，当然道德绝不仅限于此；而创造力和创新，常常从突破常规（包括习俗、规则甚至法律道德）开始，这正如一些创新人物可能会存在个人道德或私生活上的争议。

海外经历带来的影响自有好坏之分，我们既已了解了它的益处与弊端，就应该更加理性地看待这种经历，取其长而避其短，如此便能在享受出国经历带来的各种福利之余，同时避免它所带来的副作用。

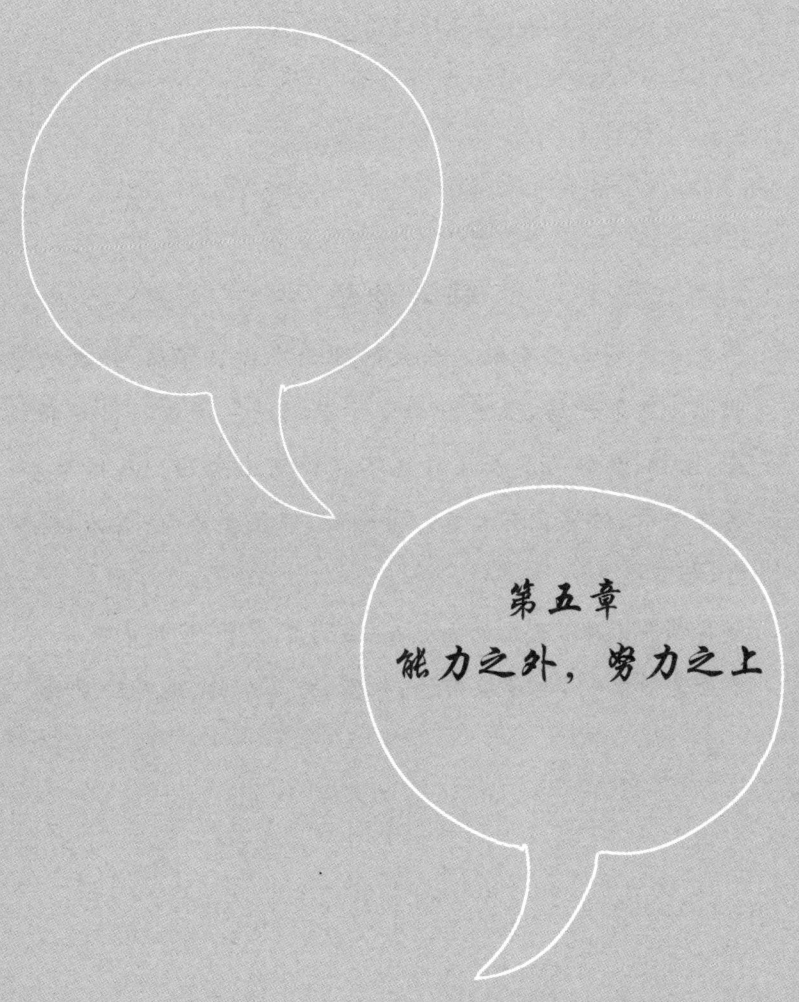

第五章 能力之外，努力之上

锦云妙语

>>> 伟大是计划不出来的。伟大的理论多出自偶然，伟大的事业源于效果逻辑，最美好的爱情是偶遇。计划不出好的经济，同样，最好的职业生涯也不是计划出来的。人很渺小，冥冥之中，仿佛自有天意。虽如此，依然要努力；因为，越努力，越有运气。

>>> 与其预测未来，不如把握现在，做好眼前事，控制未来。

>>> 评论是潇洒的，也是廉价的；但做，才是难的，也是珍贵的。

Boss 生气的双面镜

夏晓彤　段锦云

员工：领导骂我，我该生气还是伤心？

假如你是人力资源部的实习生小吴，在每月一次的总结评价中，你的上司认为你的能力不足且工作价值低，想要解雇你。而你认为自己是被低估了，此时你想对上司的评价做出回应，让他给你机会证明自己，你会用怎样的情绪来应对？

这个例子提示我们思考，当我们被负面评价之后，用怎样的情绪（伴随口头言语）可使我们更易达成目标。在生活中，我们都会或多或少地被负面评价"袭击"，但是我们想要对这个负面评价做出反驳来让评价者改变看法时，如果可以找到一个最佳的"情绪"来和我们的"话语"相结合，提高评价者做出改变的概率的话，那就能为上述例子提供答案。

研究者塞利克(Celik)等人对这个问题进行了研究。他们认为评价通常可归类为两大方面：**能力和热情**。当人们想继续维持与评价者的关系时，就会感到需要对这些评价进行回复，以证明自己的工作能力或者对工作的热情并不低。被评价者可能会通过言语，让评价者相信自己会改善情况，或者在争论中让评价者推翻他们一开始的想法。那么，究竟表现出什么样的情绪能够更容易达成目标呢？为此，笔者进行了两个实验：

A：343 名经理(158 名女性)为被试，每个经理至少有一名下属，他们被随机安排到相对平均的 4 组表现中：对下属的工作能力不足回应为生气、对下属的工作能力不足回应为伤心、对下属缺乏工作热情回应为生气、对下属的缺乏工作热情回应为伤心，让他们对假想的上司对下属的回应进行评价。

结果证明，**对于领导对下属能力不足的负面评价，下属回应生气(或气愤)比伤心更有说服力；而在领导对下属工作缺乏热情的负面评价中，下属回应伤心比生气更有说服力。**

生气(相比伤心)是更加激烈、外指和负向的情绪。

B：90 名商科专业学生(45 名女性)被分到上述同样的 4 组中，每组又分为面试官和应聘者，在进行角色扮演后，进行相关变量的测量。

结果显示，**对于领导对下属能力不足的负面评价，下属表达生气比伤心的加工流畅性更高，感知到的说服力更强；而对工作缺乏热情的负面评价中，结果则相反。**

人际互动过程的加工容易程度被认为是衡量交流质量的指标，加工过程越容易，加工流畅性更高；而高加工流畅性伴随着一种“感觉正确”的体验，它能增加对对方的喜欢、信任感，并促进沟通。因而，在情绪与评价内容相匹配的情况下（对领导对自己能力不足的质疑回应生气，对领导对自己缺乏热情的质疑回应伤心），上司与下属争论过程的加工流畅性会提高，上司更会被下属的话语说服，进而推翻自己的原始负面评价。

该研究解答了我们一开始的疑惑，也提供了应对负面评价时的可能性方案。人们在表达一些消极的情绪时，可能会担心不被人接受或者不符合社会期待，但是对于负面评价进行适当的消极情绪回应，可能会带来好的结果。

通过这个研究，我们可以知道，在日常生活中，对于一些关于能力的负面评价（对技能、创造力、智力等特征进行评价，如说你能力低），我们可以运用合理范围内的“生气”来结合我们辩驳的内容，可以提高别人被我们说服的可能性。而对于关于热情的负面评价（对友好、诚恳、乐于助人等特点进行评价，如说你人缘差），我们则可以表现出“伤心”的情绪，以达到目的。

领导：下属犯错了，该不该愤怒，何时愤怒？

我们继续用上面的例子。假如你是小吴的上司，当你为小吴因自身能力欠缺而出现的工作失误而愤怒，甚至开始责骂小吴。此时，你的其他下属对你的领导效能会做何评价？

领导效能是指领导者在履行领导角色时被感知到的能力。作为领导，你可能会面对下属违反你的期望和目标的情况，此时领导对员工表达愤怒是合乎情理的。但在这些情景中表达愤怒对领导效能是有促进作用还是抑制作用？

有研究者基于情绪的社会信息理论，提出假设：领导者的愤怒表达的效果取决于，引发愤怒的违反行为的类型，以及领导者的类型。研究者将违规行为分为两类：基于能力的违规行为和基于正直的违规行为。笔者对此问题进行了三个实验来探究领导对员工违规行为的愤怒与员工感受到的领导效能的关系。

A：125 名被试，随机分为四组(对下属能力不足回应为愤怒或中性，对下属的违规行为回应为愤怒或中性)，让被试阅读保险公司领导(Peter)知道下属(John)夸大公司保险条例的益处的材料，并对材料中领导的效能进行评价。

结果证实，对(下属)基于能力的违规行为，领导的愤怒情绪显著降低了感知到的领导效能(相比于中性情绪反应)；对基于正直的违规行为，领导的愤怒情绪显著提高了感知到的领导效能(相比于中性情绪反应)。

B：165 名被试(105 名女性，职业类型广泛)被随机分为两组，要求被试回忆领导对员工做出关于能力或诚信方面的违规行为后的回应，并对自己的推理反应、情绪反应和感知的领导效能做出评价。

结果证明，领导对下属诚信的违规行为表达愤怒，可以提高观察者对领导效能的感知能力，而这是由于下属推断这些行为是不被接受的；领导对下属能力的违规行为表达愤怒会降低观察者对领导效能的感知，而这是由于下属消极情感反应的影响。

C：222名领导(124名女性)，第一阶段测量领导对于两种(工作能力、诚信)不足或违规行为的愤怒程度，第二阶段测量领导的辱虐管理(直属下属评价)以及领导效能(直属上级评价)。

辱虐管理是指下属对管理者持续展示的敌对的言语和非言语行为，这些行为包括公开批评、无信用、隐瞒需要的信息和沉默的对待等。

结果显示，领导人对下属基于能力的违规行为的愤怒情绪会加重下属对领导人的负面评价；而其对下属基于正直的违规行为的愤怒情绪则会使下属对其负面评价减少。

根据情绪的社会信息理论，我们可以得知为什么从观察者的角度，领导的愤怒情绪会对不同的违规行为类型产生不同的影响。

在情感路径中，愤怒情绪激活了观察者的情感和内在的反应。当愤怒是通过情感路径来影响下属时，领导以愤怒应对问题行为无助于解决问题，因为下属消极的情感反应阻碍领导的影响力，以及降低对领导效能的评价。

在理性路径中，情绪表达会激发观察者的认知过程。当下属运用推理路径去看待领导的愤怒时，下属会从愤怒情绪中推理得出类似的行为是不良行为，因而领导对问题行为的怒火可以提高下属对领导效能的评价。

尽管这两个过程都可能是由领导者的愤怒引起的，但两种路径的强度取决于感知情感表达的适当性。

当恰当的领导(非辱虐管理型领导)在恰当情景中表达愤怒时，员工通过领导的愤怒情绪推理出领导的想法，进而提高其感知到的领导能力，换言之，此时是一种有领导力的行为表现。

看脸时代，选CEO也要看脸？

王蒙蒙　段锦云

始于颜值

很多人都看重颜值，甚至不乏一些人还是“颜控”。且不说在择偶和就业时颜值发挥的巨大作用，在选拔领导人时也起着重要作用。

1960年，美国历史上的首次总统大选电视辩论在肯尼迪和尼克松的对峙中拉开。民意调查显示，通过收音机收听的观众觉得尼克松更胜一筹，而通过电视观看的观众却更偏好肯尼迪。这种截然不同的反应被后来的研究证明，外观（特别是容貌）在评价领导人时的重要性。虽然尼克松时任美国副总统，知识渊博、经验丰富，但是肯尼迪的容貌给人一种年轻、健康，以及泰然自若的信号。相反，尼克松却看起来苍白、病态，一副懒汉形象。有人戏称，是电视化妆师毁了尼克松。甚至后来，在尼克松的自述中，他也表示“一张图片胜过千言万语”。

关键时刻看脸选 CEO?

人们从面部获得的信息，可以帮助评价者判断被评价者的态度和行为。因此，在某种程度上，我们也可以从容貌对领导人的作用，推理到容貌对选拔 CEO 的作用。由于 CEO 在公司中扮演着非常重要的角色：影响公司的价值和规范，决定公司的发展方向，是公司的外部形象代言人，所以当公司经历财务不端及经营不善后，解雇现任 CEO，选拔一名继任 CEO 来帮助组织恢复名誉和信任尤为关键。

古莫利亚（Gomulya）等人的研究发现，**在上市公司被查出财务不端及被要求做财务重述后，那些面部展现较高正直特质的候选者，更容易被选拔为继任** CEO。研究过程中，研究者提出了**面部宽高比**的概念，它指两颧之间的距离与眉毛中间部位到上唇中间距离的比值。

研究结果发现：虽然正常情况下，董事会更偏好一个面部宽高比值较大的候选者担任 CEO，投资分析师和媒体也对这些 CEO 做出积极的预测和报道；但是，在经历财务重述后，那些面部宽高比值较小的候选者更容易被选为CEO。同时，投资分析师对这些继任CEO有更积极的预测，媒体的负面报道也会减少。

简单点说，正常情况下，脸型宽的候选者更容易被选为CEO；但是，当上市公司被要求做财务重述（通常因为财务涉嫌造假）后，脸型窄的个体更容易被选为CEO。

终于人品？

为什么在经历财务重述后，董事会会更偏好脸型窄的候选者？根据前面所述，人们根据容貌提供的信息来生成对评价者的印象。研究表明，**面部宽高比值大的人，更容易被感知为强势的、有进取心的。**如学者赫曼（Hehman）的研究发现，脸型宽的男性更容易被分配到竞争环境中，因为这种情况下需要强势和进取。**而面部宽高比值小的人，更容易被感知为诚信、正直的。**经历了财务重述后，公司亟待解决的首要问题是恢复声望和名誉，因此，那些容貌传达出正直信息的候选者，更容易被选为继任CEO，以帮助组织恢复形象。

把面部宽高比与正直或强势相联系，心理学上称之为**刻板印象**，它是指对某个群体产生一种固定的看法和评价，并对属于该群体的个人也给予这一看法和评价。奥塔哥大学的斯皮萨克（Spisak）等人研究表明，男性领导者更适合在竞争环境中，而女性领导者更适合在合作环境中。研究认为，男性被感知为强势，女性被感知为亲和，且这些特点与竞争或合作的环境相匹配。

如此说来，以貌取人也是有一定道理的。不过，上述研究结果所得结论缺乏足够的说服力，这就好比用人的长相去预测未来收入一样，这种效应是有的，但没那么明显。只有在大样本中，才足以检测到它们之间的微弱关系。而具体到某一个人，其效应基本可以忽略不计。

如何避免刻板印象？

虽然那些面部显示较高正直感的候选者更容易被积极地感知到，**但是，我们并不提倡经历财务重述的公司在选拔 CEO 时把容貌作为考虑因素。**一方面，人们基于面部特点的评价有可能是不客观的，同时他们也不会意识到这种推论有可能是错误的。所以，使用面部信息进行决策是草率的。另一方面，面部信息的呈现有可能使个体忽视更有效的信息，导致对他人判断的准确性降低。

对决策而言，当董事会意识到刻板印象或偏见的存在时，他们会关注更多的有效信息，决策也会更加谨慎；对候选者而言，正直不仅可以通过容貌感知，更重要的是可以依靠行为来感知。那些希望传达出较高正直感的领导者，可以通过一些行动来传达正直，比如，财务重述后，新上任的 CEO 可以设置独立部门确保财务透明等等。

抽象表达标志权力，具体表达标志执行导向

谢清宇

谈到权力，它给人的印象是象征着地位、权势，它是指对别人的影响力或控制力。在生活中，权力被引申扩展为一个人依据自身的需要，影响乃至支配他人的一种力量。

权力感是一种令人满意的状态，它可以提升信心，令人更加乐观。研究发现，**权力感可以产生更多的抽象思维（甚至刻板印象），而抽象思维又可以增加个人的权力感。**

然而，语言和权力之间又有什么关系呢？大多数人可能认为两者并没有什么联系，但是研究发现：**抽象的语言往往与高权力联系更紧密，而具体的语言则与低权力联系更紧密；但抽象的语言也与较少的行为执行导向相联系。**

研究者帕尔梅拉（Palmeira）通过实验证实，抽象语言意指高权力但低的行为执行能力，而具体语言标志着高的行为执行能力。抽象语言标志着看到愿景的能力，具体语言标志着把事情做好的能力（例如，抽象语言表达者会被视为思想家，具体语言的表达者会被视为实干家）。抽象语言更多关注愿景，而具体语言更多关注细节。

此外，帕尔梅拉证实了权力和行为导向对工作匹配度的影响。

抽象语言的表达者被认为更加适合管理职位，而具体语言表达者则被认为更适合初级或操作职位；并且，在评估个体是否适合领导职位时，权力和行为（执行）导向两者都是重要的预测因素。

此研究的理论基础是解释水平理论，该理论提出，人们对事物的表征方式取决于两者心理距离的远近。对那些远距离的事物，人们倾向于使用高水平解释，关注事物核心的、主旨的、整体的特征，着眼于事物的终极状态（如愿景、目标或意义）；对那些近距离的事物则采用低水平解释，强调边缘的、细节化的局部特征，关注具体实现过程。社会距离影响着人们对他人的认知方式，**权力感会增加个体与他人的心理距离，从而使个体的认知方式更抽象。**

纽约大学的学者马吉（Magee）和加利福尼亚大学圣迭戈分校的学者史密斯（Smith）提出**权力的社会距离理论**：首先，高权力者比低权力者更少依赖对方，这种不对称的依赖关系使高权力者能感知到更大的社会距离，从而使高、低权力者产生不同的行为表现。其次，由于高权力者比低权力者能感知到更大的社会距离，所以高权力者的解释水平更高，心理表征更抽象，行为也出现相应的差异。

这些发现为组织管理提供了一些可行性的方案：

◆ 对于管理者，可借助抽象语言这一策略传达和树立领导力形象；

◆ 领导者应该不仅具有远见和战略思维，还应从事具体的活动，做出决定、管理人员和分配资源。不仅要看到更大的愿景，还应该为追随者提供明确的指导；

◆ 权力是领导者的特质属性，而行动导向应被视为有效领导的特质属性；

◆ 在评估个体是否适合领导职位时，权力和行为导向都是重要的预测因素；

◆ 对于处于初级职位或操作职位的人，慎用抽象描述与同事沟通，尤其是与上级沟通，应该多讲具体的任务和细节，而非战略、愿景或未来等。

领导嫉妒下属的后果：辱虐？提升？还是回避？

徐晗钰

当一个人缺乏他人具有的优秀品质、成就和优势时，就会产生嫉妒。嫉妒常常发生在周围人或同事之间，或者是下属对领导产生嫉妒。

那些处于领导地位的人，享有正式组织赋予的权力和优势，拥有决策自主权，能够控制和分配优势资源，还能获得与组织内外其他权力拥有者交流的机会，他们看起来不太可能会对自己的下属产生嫉妒。然而事实表明，领导嫉妒下属比我们想象的更加普遍。

从**社会比较**的视角来看，下属会被领导视为其等级地位和社会地位的潜在竞争者，因此领导常常也会将自己与下属进行比较。当领导在比较过程中察觉到，下属可能会拥有更多权力的时候，他会觉得自己处于劣势，从而产生消极情绪。当下属具有较强的社交能力，能够提出创新想法，甚至与更高层的管理者建立起亲密关系时，他们表现出的领导潜能会使其直接领导觉得自尊受到威胁，产生不安全感，从而产生嫉妒。当组织中其他重要人物也察觉到此种对领导不利的权力变动时，领导对下属的嫉妒会更容易发生。

对下属的嫉妒会促使领导采取行动，以消除或降低对其不利的社会比较。这些行为可以进一步概括为**三种倾向**：

领导会采取降低领导水平的策略，即辱虐管理。一般而言，嫉妒被认为具有破坏性的后果，它会促使领导伤害下属，破坏他们的优势，减少他们实现目标的可能性，从而减少领导者的痛苦和不适。

嫉妒也有可能促使领导采取提升领导水平的策略，即自我提升。领导会因为在社会比较中感知到自身的不足，从而增强工作动力、提高工作绩效，将嫉妒的下属作为自己学习的榜样，与下属打好关系，从而缩小彼此之间的差距。

如果领导不能削弱下属的优势，或者随着时间的推移改善自己的地位，他们会倾向于选择回避行为。最有可能出现的情况是，领导会为了保全自己的尊严而选择从组织中离开，但这种人员流失会对组织造成破坏性的影响。

领导受嫉妒驱使而采取的行为不是冲动或者短暂的，而是有意识、有计划的行为。那么，哪些因素会在这一过程中起调节作用呢？基于计划行为理论，我们可以探讨领导、下属和组织三者在其中扮演的不同角色。

首先，需要考虑的就是领导的特质和控制环境能力。当领导具有高仁慈、低恶意的特质时，他们会平等地接受下属的成长，并关注他们的利益，而不要求自身具有绝对的优势。由于对自我一致性的追求，仁慈型领导即使嫉妒他们的下属，也不太可能采取辱虐（下属）的行为。当领导具有较高的环境控制能力时，他也会更愿意接受挑战，通过自我提升来缩小与下属的能力或权力差距。

其次，下属的特质也不可忽视。研究表明，**温暖且有能力的下属会帮助领导更好地完成工作，使领导感到相对较低的威胁，从而促使领导自我提升。然而，当领导者认为被嫉妒的下属有能力却冷漠（不温暖）时，他会倾向于采取辱虐的行为。**同时，如果领导感知到下属是不正直的，会通过一些不公平的方式来获取权力，此时领导也会倾向于辱虐管理。

领导与下属间的关系是决定领导行为的关键因素，领导若伤害与自己关系好的下属，就意味着会损失这段关系所带来的资源和便利，因此与下属关系好时领导更会选择自我提升的行为。

组织的规范和支持也是重要的调节变量。领导作为组织中的一员，其行为受到组织规范的约束。如果某些伤害行为是不被组织所允许的，那么领导会尽量避免，以免损害其自身在组织中地位的合法性。低效的组织支持意味着组织内部的竞争是零和的，下属权力的增加意味着领导优势的损失，这会渲染出一种紧迫感，从而促使领导采取辱虐管理行为。反之，高效的组织支持会释放一种鼓励发展、成长和自我改善的信号，能够为领导提供更多机会去参与培训和学习，并促使领导自我提升。

损失更多，赔偿却更少？

骆雯婕

一位员工被公派外出办事，结果在当地遭遇了抢劫。想象以下两种情况：

A：抢劫犯抢走了该员工的手表（经济损失＋精神损失）；

B：抢劫犯抢夺该员工的手表未遂（只有精神损失）。

发生了这样的事情后，企业需要对员工的精神损失进行赔偿。你认为在A和B哪种情况下，员工因精神损失所应获得的赔偿更多？

损失更少，赔偿却更多

美国著名心理学期刊《组织行为和人类决策过程》*Organizational Behavior and Human Decision Processes* 曾刊登过一篇研究，题目是"小额经济损失减少了普通人对受害者精神损失的赔偿"。

该研究发现：**人们普遍认为，在上述B情况下的受害者应该获得更多的赔偿**！这是一个非常违反常理的结果：明明第一种情况下员工的损失（经济损失＋精神损失）大于第二种情况（只有精神损失），人们却认为第二种情况下受害人应该得到更多的赔偿。

一般而言，在其他条件相同的情况下，遭到经济/精神双重损失所应得的补偿应该大于只有精神损失的情况。因为按照一般的逻辑，更大的损失应该获得更大的补偿。但是，如果只有精神损失时，人们对于评估精神损失的补偿往往一头雾水，他们只能通过感觉来评估。而当出现经济损失时，人们会倾向依据经济损失的大小来评估精神损失，这种现象可以通过**锚定效应**来解释，即当人们需要对某个事件做定量估测时，会将某些特定数值作为起始值，起始值像“锚”一样制约着估测值，估测值围绕着起始值波动。

相比于只遭受精神损失的受害者，遭受同等精神损失和少量经济损失的受害者被认为应获得更少的补偿。这种效应可进一步地用**理性锚定账户**来解释：无关紧要的经济损失锚定了人们对于受害者精神损失所应得的全部补偿，使人们以经济损失为起始值来估计精神损失。由于人们对于精神损失的评价围绕经济损失，因此，双重损失的评估补偿少于只有精神损失的评估补偿。换句话说，经济损失转移了人们评估精神损失的注意力。

不要被锚定效应牵住了鼻子

锚定是指人们倾向于把对将来的估计和已采用过的估计联系起来，同时易受他人建议的影响。当人们对某件事的好坏做估测的时候，其实并不存在绝对意义上的好与坏，一切都是相对的，关键看你如何定位基点。基点定位就像一只“锚”一样，它定了，评价体系也就定了，好坏也就评定出来了。

生活中有很多体现锚定效应的例子。

销售人员的来访电话，往往会说“星期×、×点，您有空吗？”就算我们没有空，也会围绕着这个时间去寻下一个可能有空的时间。这个过程中，销售人员在电话中已经定了一个锚，这个锚就是具体的时间，而我们此时已经被这个锚吸引了，根据这个锚选择我们有空的时间。如果销售员直接问“您是否有空”，很可能得到的答复就是“没有空”，沟通从而也就无法进行。

又比如，妈妈们在希望孩子吃苹果时，不要问“你要不要吃苹果”，而是问“你要苹果切块还是苹果泥”。就会达到预期的引导效果。

又比如，人们往往会长久使用自己注册的第一个邮箱，虽然这个邮箱可能并不好用，但因为在最初就锚定了，因此也就惯性地使用下去，这也和行为习惯相关。

最常见的，是在我们购物的时候，经常喜欢看物品的原价是多少，再看在此基础上打了几折。这里物品的原价就是锚，如果商家把原价这个锚定得很高，那么我们对于该商品的估测值会围绕原价这个锚，这时我们的心里估计值和现价的差距就变大了，我们会感觉买这个商品真的赚到了，很有可能会产生购买行为。

所以说，我们要明白生活中的种种锚定效应，尽量不要被锚所操纵，必要时也可更好地利用锚。

喜欢走上层路线？谨慎为妙！

段锦云　王泽昊

人是社会性的动物，有人的地方就有江湖。而每个人都有自己的**社会资本，它是我们在社会结构中所处的位置给我们带来的资源。**而在自古以来就注重“人情”“关系”的中国社会，社会资本的地位又显得尤为重要。那么，我们的社会资本由何而来？

社会学家们多认为社会资本来源于父母的社会经济地位，或是通过后天的教育而获得。此外，通过个体的人际互动来进行**“工具性交往”**，也是建立社会资本的重要形式。

实际上，工具性交往一直存在于我们的日常生活中，比如请人吃饭、赠送礼物等。工具性交往主要有两种：与我们周围社会地位相近的群体建立广泛联系（横向交往）；与社会中占据主导资源支配的群体建立关系（纵向交往）。简单来说，横向交往就是与和你差不多的人交往，而纵向交往就是和地位比你高的人（比如领导、老师等）进行交往。

针对这两种交往方式，相关学者进行了一项研究，探究这两种工具性交往对社会究竟能造成怎样的影响。

首先，研究发现，**横向交往高的个体更容易成为人际网络的中**

心，原因有三：

◆ 情感支持：横向交往的个体对人更加热情主动，更容易提供情感支持而被周围的人接纳。

◆ 能力凭证：横向交往的个体能跟不同人保持良好的沟通，更容易解决工作生活中的问题。

◆ 资源优势：横向交往的个体往往拥有更丰富的信息，更容易成为人们交往的对象。

而纵向交往的研究结果就比较复杂了。

首先，纵向交往的个体由于和主要资源掌控者关系相近，同样拥有能力凭证和资源优势。但是，俗话说“过犹不及”，**过度地只进行纵向交往，会让周围的人质疑该人的人品**，会觉得“只与领导走得很近的人靠不住，说不定什么时候就把别人卖了”。当达到这个程度的时候，纵向交往对于社会资本的影响就是负面的了。

其实，有学者在另一项研究中发现，更主动与领导建立关系的员工，更加在乎个人的利益，会比与自己做出同样贡献的员工获得更多好处，而这种员工实际上也更不为领导者所喜爱。

但是这并不是说横向交往一定好于纵向交往，它们之间其实是存在交互关系的。研究发现，如果一个人与周围的人都有着广泛而良好的人际关系，与领导之间的关系就不会显得特别刻意，毕竟领导也是人，和领导关系好并不会显得当事人很势利，反而会更加显示他的能力出众，并因此拥有着更加丰富的资源。**因此，活跃的横向交往与适度的纵向交往相结合，才能达到最理想的社交状态，最有利于个体社会资本的建立。**

不光如此，关于一项包工头工资发放的研究发现，包工头在发工资时会先发给与他关系较远的工人，最后才发给与自己关系最近的工人。这是因为，他们会从关系远的工人那里受到更多的压力，而与其关系较近的工人则会给他更多的信任，有更多周转的余地。

这个研究说明：**与领导的关系过近，并不一定全都是好处，关系越近，也可能会承担越多的风险。**所谓“伴君如伴虎”，历史上“兔死狗烹”“鸟尽弓藏”的故事比比皆是，尤其是当领导者人品较差、自私自利、毫无底线，或上层充满政治斗争之时，此时恐怕离上层越远越好。

与领导的纵向交往其实是一把“双刃剑”，如何将其有效地运用，同时不会反过来伤到自己，是一种极高的艺术。

不给我一个合理解释我就搞破坏

徐　悦

金榜题名、升官加爵，乃人生大喜事。身在职场，升职加薪不仅是努力工作的回报，更是组织对自我能力的认可。然而，职场如战场，有赢家便有输者，大家总是喜欢关注那些升职的员工为什么会成功，以及在新岗位上会如何发光发热，却忽视了另一个默默无闻的群体——晋升失败的人。

与成功晋升的幸运儿相比，这些落选者们各方面的能力也许与晋升者不分伯仲，他们对企业来说都是重要的人才资源。然而，并非每个人都能心平气和地接受失败的结果，未能成功晋升有可能会引起落选者诸多消极的情绪反应。例如，落选者可能会认为企业的晋升决策有"黑幕"，会感觉不公正，从而对企业、对工作产生强烈的不满意感。

除此之外，有些落选者会将自己与成功晋升的员工进行对比，若比较后依旧认为自己有充分的资格胜任新岗位，会觉得组织的晋升决策对其而言是一种羞辱。这种情绪反应很可能会影响他们后续的工作，甚至会诱发一系列不利于组织或组织成员的报复行为，例如反生产行为。

2010 年，来自以色列国防部门的几位研究人员（Fine 等）历时 34 个月，以候选军官为研究对象，聚焦候选人在落选后的反生产行为，主要包括违反纪律、破坏公物、玩忽职守、拒绝服从命令等不端行为。这些候选人是从部队各个部门中挑选出来参与晋升考核的，总计 568 名。为了排除候选人本身差异的影响，在晋升决策发布前的 4 个月，研究人员对所有候选人的反生产行为进行了观察和统计，确保了每位候选人之间不存在显著差异，并且此记录是对决策部门的相关人员保密的，不会影响最终的决策制定。晋升决策公布后，由各位指令官在两周半内传达给每位候选人，对于落选者不给予任何解释说明。紧接着，各位候选人返回原部门继续日常工作和训练，直到6个月后，那些成功入选的候选人开始开展军官培训课程。也就是说，在晋升决策发布后的最初6个月内，无论是入选还是落选，这些候选军官的工作职责和行为标准都是一致的，因此他们之间的反生产行为具有可比性。

研究结果发现，落选者的情绪反应普遍消极，与晋升决策发布前相比，他们的反生产行为明显增加，也显著高于成功晋升的候选人。并且这种高频率的反生产行为紧随着晋升决策而产生，在最初的6个月内达到顶峰，随后逐渐下降。

对于上述结果，研究者解释，随着时间推移，个体逐渐恢复了对组织公正和互惠的感知，驱使其反生产行为逐渐减少，此过程也会受到个体的认知偏差的影响。

除此之外，研究人员还发现，越正直的候选人在落选后做出的反生产行为越少。也就是说，候选人正直的人格特质可以帮助其抑制那些落选带来的消极反应。

从组织视角来看，这些研究结果的启示很有意思，对那些正在愉快地提携接班人的管理者们来说可谓是一个警醒。可以推论，员工针对落选的报复行为与他们的公平感知相关。尽管对期盼着升职的员工说“no”是一件很让人沮丧的事情，但为了尽可能减少不良后果的发生，企业应该给予更耐心的、更细致的解释，给落选者一个可接受的理由，避免他们认为自己落选是因为企业内部不公平或人事评估不准确等，为所有候选人营造一个公平公正的升职竞争氛围。

除此之外，企业可以通过为落选的员工设定新目标、寄予新期望、提供专业培训的机会和社会支持等方式，来增加其工作满意度，毕竟满意度的重要性对企业来说非同一般。

研究结果还提出，员工的正直特质是个有效的缓冲器，但是考虑到个体的人格特质相对稳定、不可轻易改变，企业尚且没有办法有效提高员工的正直水平，不过可以在招聘的时候将正直特质纳入选择标准之中，对于企业中现有员工也要多加观察和关怀，及时对其消极情绪进行引导。

为什么“三个和尚没水喝”？

董安南

俗话说：“一个和尚挑水喝，两个和尚抬水喝，三个和尚没水喝。”为什么群体规模越大，个人努力越小，群体绩效越低？一个优秀的团队如何才能凝聚力量，发挥“1＋1＞2”的效果呢？

这不禁使人联想起德国心理学家林格曼（Ringelman）进行的拔河比赛实验。在实验中，林格曼要求被试分别在单独和与人合作的情境下拔河，同时用仪器来测量他们的拉力，发现随着被试人数的增加，每个被试者平均使出的力减少了。单个人拉时平均出力是 63 公斤，3 个人拉时平均出力有 53 公斤，8 个人时只有 31 公斤。一起工作的 n 个人，他们的工作效率不是一个人单独工作时的 n 倍，可见群体工作的凝聚力并没有变现出来，人们将这种现象称为林格曼效应。

1972 年，美国心理学家斯坦纳（Steiner）将这种**随着团队成员数量的增加，个人努力程度下降，个体在团队中的实际表现与潜在表现存在较大差异的现象称为社会惰化（或社会闲散）。**学术界把社会惰化定义为，群体一起完成一件事情时，个人所付出的努力比单独完成时偏少的现象。社会惰化是一种不可忽视的群体现象，它所带来的负面影响，除了我们能直接看到的群体绩效的降低之外，更为严重的是对组织及社会资源的极大浪费。不仅使人才得不到有效利用，还间接地导致社会财力、物力的损失。

那么为什么会产生社会惰化现象呢？一般来说原因有以下几个方面：

一是**不公平感。**人们常常习惯把自己所付出的努力和得到的奖励，与别人或自己过去付出的努力和所得到的奖励进行比较，如果比较的结果自认为是公平的、合理的，那就会心情舒畅地继续努力工作；如果比较后得出相反的结果，就会产生不公平感，影响其积极性的发挥。如果你把别人看作是懒惰的或是无能的，你就可能会降低自己的努力程度，这样才会觉得公平。

二是**个人评价的缺失。**社会心理学家拉奈尔（Lanail）认为在群体情况下，个体的工作是不被记名的，个体所做的努力没有单独的指标来评定，因为评定的指标是整个团体的工作业绩，所以在这种评价体系下，个人就有机会可以不对自己的行为负责，因而个人为工作所做的努力也就减弱。典型的例子就是“三个和尚效应”。

三是**社会认知偏差。**群体中的个体，在沟通不够的情况下，认为在集体测评的基础上，其他成员可能会偷懒，不会努力工作，在这种心理下，个人的努力程度就会下降。

四是**责任分散。**群体的责任分散开来，落到每个人身上的责任就减少了。因此，个人可能会没有什么责任压力，而且相互依赖，相互推诿。一般说来，人越多，责任分散就越严重，个人的责任感越低。而人数少时，个人的责任感通常更强。

五是**个人协作意愿不足。**美国管理学家巴纳德(Barnard)认为社会惰化产生的主观因素是个人协作意愿不足。构成组织的是人的协作意愿或贡献意愿，而不是人，比如“忠诚心”“团结心”“团队精神”“组织力”等。协作意愿意味着自我克制，对自己个人行动控制权的放弃。

德国心理学家、团体力学理论的代表人之一的勒温(Lewin)认为，社会惰化与团队规模和个人努力的可衡量性有关。团队的规模越大，个人努力的可衡量性越模糊，个人的协作意愿越低，社会惰化现象越严重，反之亦然。此外，社会惰化现象与文化背景也有密切的关系，在个人主义至上的社会中，社会惰化现象比较突出；而在个人主要受团体目标激励的集体主义社会中，这种结论就不一定完全适用了。

所以，**克服社会惰化主要从两方面入手，一是绩效管理，二是组织文化建设。**

绩效管理能够将企业的战略和各级员工的具体工作联合起来，给员工以明确的奋斗方向，避免员工在茫然不知所措中忙碌，造成资源和精力浪费。让努力工作的人得到激励，保证企业每个层次的员工都能够有效地工作，不让南郭先生滥竽充数。

文化的作用是解决两个基本问题：一个是对外部环境的生存能力和适应能力，一个是保证企业长期生存的内部结合能力。企业文化建设强调保持企业活力的重要性，注重成员与企业在价值观上的一致性，培养员工对企业的自豪感和忠诚度，让企业文化认同与物质报酬一样，变成员工积极工作的一种动机。另外，不断调整企业文化，让企业文化更贴近员工，展现更多的人文关怀，这将会有助于减少社会惰化的发生。

高难度的目标、个体对群体的贡献可减弱社会惰化。社会惰化无法消除，在不同文化背景和情境中需要企业因时而变，从员工绩效可视化、具体化、激发员工积极性到企业的文化建设、管理方式的改变以及领导力建设等方面，都需要企业的重视。

优秀团队中的成员不应该是温顺的小绵羊，而应如草原狼群般充满猎奇心以及竞争欲望；优秀的创新团队重视每一个成员的力量，只有共同协作才会创造更多的团队成果，才会实现"三个和尚有水喝"的共赢局面。

什么影响着你的创业决策

段锦云

创业是当今时代的主题，相比实践的火热，关于创业的理论研究，如对公司或市场等的讨论则较少。

现实中的创业很可能面临着企业、市场、行业等并不存在的情况，如当今福布斯世界500强企业放在15年前有一半不存在，又如电子商务也是之前不存在的全新的市场，等等。这导致了目标、方法的模糊性和不确定性，因此需要创造企业和市场等。

如果更深入地提出以下三个具体问题：企业还不存在，如何做定价决策？或者，该产品的市场还没有，如何为一个还不存在的企业招聘员工？如何对一个新兴或者还不存在的行业做评价（如互联网行业）？这类不确定问题大量存在于创业过程中。

对此类问题，美国弗吉尼亚大学达顿商学院的创业学教授萨拉·萨拉瓦蒂（Saras Sarasvthy）采用定性研究方法和问卷的方式，针对把一个想法转变成一个成功公司的决策问题，以专家型创业者为对象作答，研究结果发现并提出了一个在不确定情境下的决策模型：**效果推理。**效果推理在创立新企业，开发新市场或自主创新等过程中起着关键作用，能解决传统的**因果逻辑**不能解决的诸多问题，进而成为与因果推理相区别的模型。

因果推理和效果推理

直观逻辑的因果推理是指已知某一特定结果，聚焦于选择达到结果的方法，与手段—目的分析思路接近。

而不确定情境下的效果推理是指已知一系列方法和既有条件，聚焦于这些条件可以带来的可能性和能创造的效果的实现。

一个形象的比喻是厨师做饭，因果推理过程是给出菜单，由厨师按菜单来购买材料并烹饪调制出预想菜肴；而效果过程则是能使用的食材有限，没有菜单，厨师利用现有的有限食材自己设计并烹饪菜肴。

因果推理和效果推理都是思考的方法，两者差异明显但不决然对立，在不同的决策及行为背景下可能重叠交织或同时发生。

以经营一家餐厅为例，因果过程基于行为选择中的理性假设，传统的因果逻辑会采用科特勒的 STP 理论[①]进行决策，分析研究消费群并做区隔，选择有潜力的目标客户，然后做针对目标客户的产品等。但现实中很多创业者往往从他们既有的资源和条件出发，考虑以尽可能少的资源把其创意带入市场，或说服当地某个餐厅借用其柜台售卖他的快餐，或向写字楼职员推销他的外卖等，过程比较

---

① 指市场细分（Segmenting）、选择适当的市场目标（Targeting）和定位（Positioning），简称 STP。

辛苦，但经过积累和学习，充分发挥有限条件，逐渐做大甚至连锁经营；又或者在餐厅经营时发现做商务茶馆的商机进而改行。这就是效果推理：锚定于既有条件，在可控范围内搜索，在执行中得到反馈和思考，达成不同的偶然性结果。

因果推理和效果推理适用于不同的条件。因果推理适用于：(1)一个待追求的确定目标或一个待定的决策（通常是结构良好、特定的）；(2)一系列可供选择的方法或因果（由决策过程产生的）；(3)对可能手段的约束（通常是环境引起的）；(4)手段选择的准则（常为预定目标期望回报的最大化）。而效果推理的适用条件则是：(1)一系列给定的手段（通常包括了决策者相对不可改变的特征和环境）；(2)一系列因抱负引起的结果或执行；(3)可能性结果或机会的约束（通常由有限的方法和环境及其偶然性所导致）；(4)不同效果间选择的标准（通常由可承受的损失和可承担的风险决定）。正如图 1 中的右下象限，直观逻辑可能会认为这是自杀区域，然而伟大的公司如通用电气、苹果公司等的产品大都诞生于该区域，这就是效果逻辑产生的空间。

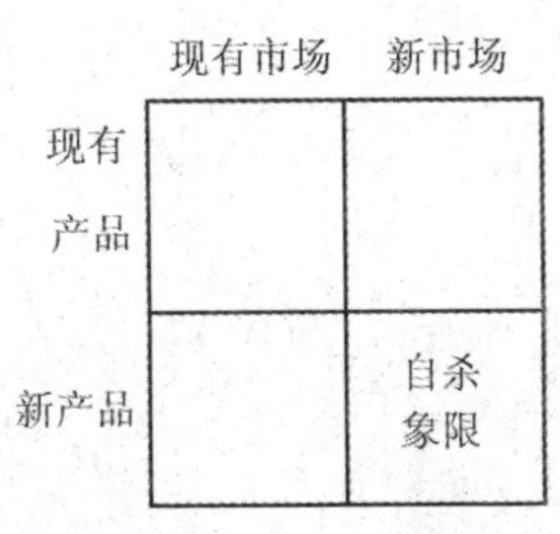

图 1　效果逻辑的问题空间

对于创业者而言，他们通常锚定于三类条件：（自己）是谁，知道什么，认识谁；也即（自己的）特质、偏好和能力，所拥有的知识，所拥有的关系和网络。在企业水平上则是固定资产、人力资源和组织资源；在社会经济层面上则是人口、技术和社会政治制度。从中不难看出，效果推理在现实中比因果推理更为普遍。表 1 是两者的总结比较，可以看出，因果推理过程重在利用知识，而效果推理过程重在开发机会；因果过程适合处理自然现象，而效果逻辑更适合于理解和处理人类行为。

以往对不确定性的决策研究通常分成两类：一类是标准的、理性决策模型；另一类是对现实决策者有限理性及启发式和偏差的研究。后者指出，人们倾向于选择风险性或已知性，而回避不确定性；创业者对不确定性有高承受能力，他们倾向于挑战未知。当决策者面临可测量或相对可预见的未来时，通常会采用调研、分析和推理等方式，即标准和理性决策思路，也是因果逻辑思路；而如果面临不可预见情境，他们将通过实验和反复学习，发掘未来的潜在可能，通过启发式或顿悟式直觉，来推测未来及做决策，这接近于效果逻辑思路。

表 1　因果推理和效果推理比较

类别	因果推理	效果推理
已知性	结果给定	有限的手段和工具给定
决策选择准则	选择达到预期效果的方法； 基于预期回报； 效果依赖：方法选择由决策者想创造的结果特征以及他所具有方法的知识驱动	利用预定方法达成可能的结果； 基于可承受的损失或可接受的风险； 行动者依赖：给定方法，结果选择由行为者特征及其发现和利用偶然性的能力驱动
竞争力	开发知识	开发偶然性
相关背景	更具有自然的普遍性； 更适合静态、线性、独立环境	更具有人类行动的普遍性；更适合假定、动态、非线性、生态环境
未知的特性	聚焦不确定未来的可预知方面	聚焦不可知未来的可控制方面
潜在逻辑	能预测未来即可控制它	能控制未来就不需预测它
结果	通过竞争在已有市场获得更大份额	通过联盟和其他合作策略创造新市场

效果推理的基本假设

萨拉瓦蒂在提出因果逻辑和效果逻辑的基础上，进一步提出了构成效果推理的基本规则(见图 2)：

(1) 关注可以承受的损失而非预期回报。因果逻辑聚焦于实现最大化收益和最优战略，而效果推理关注可承受的损失，从有限条件出发、尽可能多地开发并实验可得策略，效果推理更偏好能创造更多选项的决策而非眼前的收益最大化。

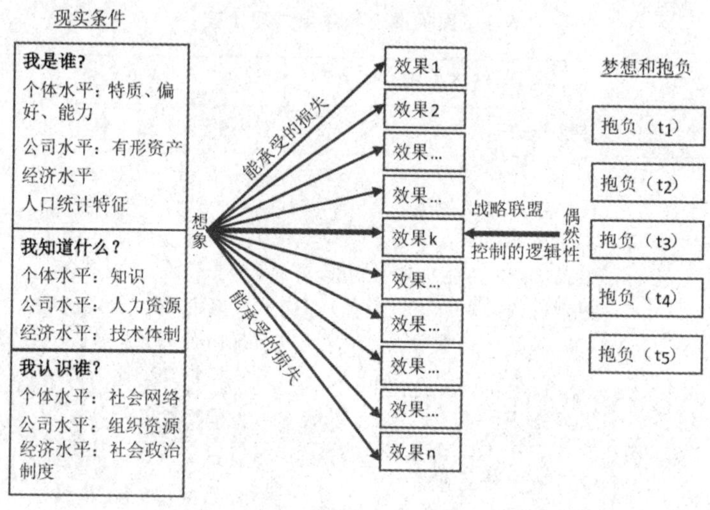

图 2　效果推理理论

（2）强调策略联盟而非竞争分析。因果推理，如波特的战略模型，强调详细的竞争分析；而效果推理则强调战略联盟以及与利益相关者的事前承诺，减少不确定性并抬高进入门槛。前者像红海战略而后者更像蓝海思维。

（3）开发偶然性而非现存知识。当现存知识，如新技术知识成为竞争优势的来源时，采用因果逻辑更为适用；而如果持续出现未预知的情况时，则更适合于采用捕捉和利用机会的效果逻辑。

（4）控制不可预见的未来而非预测不确定事物。因果逻辑聚焦于预测不确定未来的可预见成分，相信能预测未来即可控制它；而效果逻辑更关注不可预知未来的可控制性，相信能控制未来就不需预测它。

根据效果推理的基本规则，可以延伸出以下假设：

(1) 企业通过效果推理创立的企业，失败多发生在早期，与那些通过因果推理而创立的企业比，失败发生在更低的投资水平上。

(2) 在行业或市场水平上，成功的新兴行业进入者更可能采用效果推理过程而非因果推理进行推理，而市场的跟进者则相反。

(3) 成功企业在其早期更可能聚焦于成立联盟，而不是其他的竞争策略，如精细的市场研究、竞争分析，以及招聘、培训等正规的管理活动。

在公司内，对于决策者而言：

(1) 在市场决策中，与传统决策者相比，遵从效果推理的决策者更不愿意采用传统的市场研究方法，如细致的市场调查等，而更愿意采取直面一线对市场进行销售的方式。

(2) 在财务决策中，与传统决策者相比较，遵从效果推理的决策者更不愿意采用长期计划或净利润分析等方法，而更愿意聚焦于短期行为和非正式的信息渠道。

(3) 在组织决策中，与传统决策者相比较，遵从效果推理的决策者更愿意建立强参与特征文化，而不是层峰式程序性的组织文化。因此也导致的一个弊端是，效果推理执行者在经营大型组织时的效率可能不如遵从因果推理的执行者。

(4) 遵从效果逻辑可能会导致更多的失败，但该追随者对失败的管理也更为有效，从长期来看更可能创立大和成功的企业，当然该过程离不开职业经理人的实际运作。

传统思维的因果推理关注决策问题的确定性或风险性，强调科学分析、理性决策和目标实现；而效果推理关注决策问题的不确定性

(目标模糊、决策物)，强调抱负指引、执行导向，这为决策理论提供了新的思路，也为创业研究提供了新的指引。行政和管理工作、成熟市场和企业更需要因果逻辑思维，而创业过程、新兴市场、初创企业和转型企业更需遵从效果思维逻辑。

效果过程适用于当未来不可预测、目标模糊或未知时，我们可以锚定“在哪”“可以前进到何处”和“可以做什么”等，通过与利益相关者的谈判合作，创造新的方式和新的可能目标。

正如萨拉瓦蒂的隐喻：“独眼的海盗控制着海域，到印度的航行最终发现并创造了美洲新大陆。”或如中国40年改革开放实践总结：“摸着石头过河，靠近起先并不明朗的彼岸。”

心诚则灵：不可不知的皮格马利翁效应

徐柏荣　邹义文

皮格马利翁效应是指，基于对某种情境的知觉而形成的期望或预言，会产生符合这一期望或预言的效应。

皮格马利翁是古代塞浦路斯的一位善于雕刻的国王，由于他把全部热情和希望放在自己雕刻的少女雕像身上，后来竟使这座雕像活了起来。

美国心理学家罗森塔尔(Rosenthal)和雅各布森(Jacobsen)受此启发，将著名的期望效应也称之为皮格马利翁效应，用一句平实而形象的话来比喻这一效应就是："说你行，你就会行；说你不行，你就会不行。"

1968年，心理学家罗森塔尔和雅各布森进行在课堂开展的研究时发现，**教师期望对学生的学习成绩有重要影响。**他们在一所小学的一至六年级各选了3个班，对这18个班的学生进行了一次煞有介事的"未来发展趋势测验"。之后，罗森塔尔以赞许的口吻将一份"最有发展前途者"的名单交给了校长和任课教师，并叮嘱他们务必要保密，以免影响实验的正确性。其实，罗森塔尔撒了一个"权威性谎言"，因为名单上的学生是随便挑选出来的。

8个月后，罗森塔尔和助手们又回到这所学校进行复试，结果奇迹出现了：凡是上了名单的学生，个个成绩有了较大的进步，且性格活泼开朗，自信心强，求知欲旺盛，更乐于和别人打交道！

显然，罗森塔尔的"权威性谎言"发挥了作用。这个谎言对教师产生了暗示，左右了教师对名单上的学生的能力的评价，而教师又将这一心理活动通过自己的情感、语言和行为传染给了这部分学生，使这部分学生变得更加自尊、自信、自强，从而各方面得到了异乎寻常的进步。后来，人们把像这种由他人(特别是像老师和家长这样的"权威他人")的期望和热爱，而使人们的行为发生与期望趋于一致的变化的现象，称之为"罗森塔尔效应"(或期望效应或皮格马利翁效应)。

由此，对皮格马利翁效应的研究便延展和应用开来。比如，皮格马利翁效应不受教育形式的影响，也就是说，无论是远程教育还是传统课堂教学，教师对学生抱有积极期望，都对学生的当前和未来学业成绩有积极的影响。研究发现，学生的自我概念、认知能力、情绪等因素在皮格马利翁效应的产生中发挥着重要作用。

消极期望也会经由皮格马利翁效应传递。比如，教师的负面情绪会通过期望这个路径传递给学生，教师的焦虑会传递给学生，影响学生未来的学业成绩。

心理学家威廉·詹姆斯(William James)说过："人性最深切的渴望就是获得他人的赞赏，这是人类之所以有别于动物的原因之一。"教师是学生尊敬和钦佩的人，**来自教师的期望与赞美无疑对学生的成绩与行为都有重要的影响。尤其是，学生的年龄越小，自我意识越弱，这种影响就越强烈。**然而，不容忽视的是，教师会根据学生过去的行为表现，形成对学生的特定印象，因而，教师要避免刻板印象和贴标签效应。

在职场中，**领导者的期望与赞美对员工的绩效也有重要的影响。**领导者对员工表达赞美和积极期望的时候能带来经济附加值，因此，领导者适时向员工传递积极期望是值得鼓励的。

西方国家针对老龄化问题实施了退休人员返聘政策，这导致职场中领导者比员工年轻，因而出现了一种反向的皮格马利翁效应。对这一情境的实证研究发现，领导者对老龄员工的期望低于对年轻员工的期望，同样，老龄员工对领导者行为的评价低于年轻员工的评价。

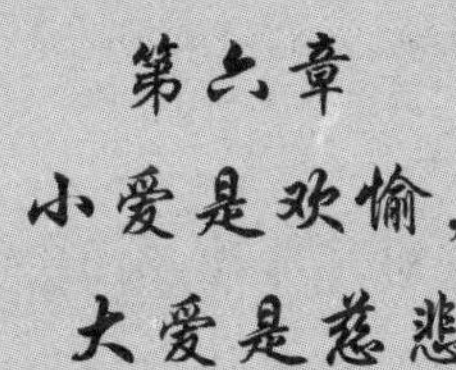
第六章
小爱是欢愉，
大爱是慈悲

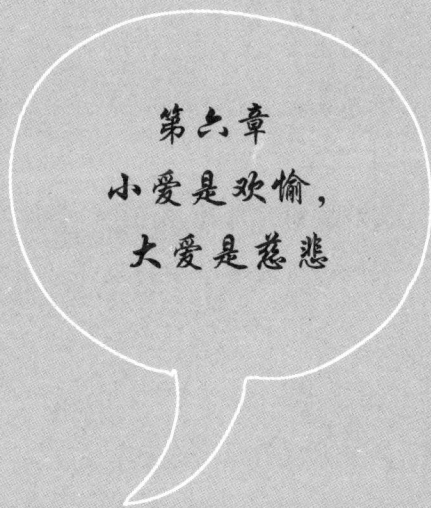

锦云妙语

>>> 越美好,越害怕得到;你我皆矛盾如此,彷徨如斯。

>>> 上帝存在吗?没有人知道。历史和现实中,那些想扮演上帝的人,往往都得不到善终;爱和自由,也许就是平常人心中的上帝。

>>> 研究发现,爱与恨其实是一回事:恨,是因为还有爱,得不到,就成了恨。

>>> 有种爱叫作放手,有种爱叫作曾经拥有,有种爱叫作天长地久……千种爱情千种模样。

爱情就像鞋子，只有穿的人才知是否合脚？

吴宁宁

一听到后羿，人们一般会想到后羿射日，然后会是嫦娥奔月；他们两个有着各自表征的神话，一个显示着力量，一个象征了唯美，一阴一阳，刚柔相济。不知道他们的爱情生活怎么样？那个曾经拯救苍生的男子独对冷月，摆好月饼时，会想些什么……

爱情是什么？

爱情因人而异，不知你信奉什么样的爱情观？

《爱的艺术》的作者心理学家弗洛姆（Fromm）认为，爱情是一个人对另一个人的外貌和能力的积极的表达，爱情是一个人开始了对另一个人的关注。

心理学家鲁宾（Rubin）是系统研究爱情的祖师爷，他指出，爱情是心里总想着所爱的人；鲁宾还开发了爱情量表和喜欢量表，在爱情量表上得分很高的夫妇都较多地注视彼此而不会过多注视陌生人，大概就是“情人眼里出西施”吧。

美国耶鲁大学心理学家斯滕伯格（Sternberg）提出，成功的爱情应该是：亲密会随时间增加，激情在认识之初会快速达到高峰，承诺随着时间与日俱增，直至高峰，好似“执子之手，与子偕老”。

研究者皮尔（Peele）认为，爱情是一种经历，能为个人提供更多的机会去接触世界和了解除身边以外的人，它使人更勇敢、更开放；爱情是一种帮助性的关系，在其中彼此信任，能接受和提出对对方的批评，而不用担心两人关系质量被削减；爱情促进人的成长，它意味着双方建立了一种有价值的关系和找到一个有价值的爱人，两人一起努力打造成功的外部世界。爱情是友谊和吸引力的延续，能增加生活中的快乐，是成长中的一部分。皮尔的观点更积极，也更符合现代人对爱情的理解。

爱情千姿百态

爱情风格理论

加拿大社会学家约翰·李（John Lee）认为，**爱情的三原色是“激情”“游戏”和“友谊”**，这三种颜色的再组合便构成爱情的六种次级形式。

- 激情型：一个人所追求的爱人在外表上酷似自己心目中业已

存在的偶像；

◆ 游戏型：逢场作戏、玩世不恭的花花公子式的爱情；

◆ 友谊型：一种缓慢地发展起来的情感与伴侣关系；

◆ 占有型：包含激情和游戏的成分，指那种以占有、忌妒、强烈情绪化为特征的爱情；

◆ 利他型：包含激情和友谊，爱被视为他（她）的义务，并且是不图回报的；

◆ 实用型：包含游戏和友谊，是一种务实的或功利的风格，譬如把对方的出身以及其他客观情况都考虑在内。

对一个人来说，他（她）不一定在其所有的爱情关系之中都表现出同一种风格。也就是说，不同的关系会唤起不同风格的爱。即使在同一关系中，人们也有可能随着时间的推移而从一种风格转向另一种风格。

爱情与友谊

心理学家戴维斯（Davis）认为，友谊之中的喜欢可以包括八个元素：欢乐、互助、尊敬、无拘无束、接纳、信任、理解、交心。而爱情除此之外还包括激情（“为对方所迷恋”“性的欲望”“排他性”等三种成分）与关怀（“在与他人的争执中是对方的拥护者或首席辩护者”和“极大限度的付出”两种成分）。

由此，**戴维斯认为爱情等于喜欢再加上一点东西，即所谓的激情与关怀。**爱情是一种特别形式的友谊，但在欢乐、互助等八个元素的情感水平深度上两者是不同的，爱情明显超过友谊。

这一理论的现实意义在于，它可以让人觉察到什么时候友谊已经转化为爱情，或爱情关系正在降格为普通的友谊关系。

斯滕伯格爱情三元论

斯滕伯格提出了**爱情的三角形理论，包括亲密、热情和承诺三个成分。**他认为爱情如同一个三角形，三个成分就像是它的顶点，双方随着认识时间的推移以及交往的增多会改变这三种成分的量，三角形的面积也会随之而改变。

依照三者的相对强弱，可以组合成八种不同类型的爱情：

◆ 喜欢：亲密的关系占主导，双方享受着以诚相待的亲密感觉；

◆ 迷恋：以激情占主导地位，此类爱情一般以单相思为主，对对方的感觉过于理想化；

◆ 空爱：承诺在其中占主导，一般为失去激情的老夫老妻所体验的爱情；

◆ 热恋：以亲密为主导，再加上激情占很大的比重；

◆ 友爱：此类爱情属于细水长流型，亲密以及承诺是其中的主要成分；

◆ 痴爱：这种爱情常会产生闪电式结婚，以激情占主要成分再加上承诺；

◆ 无爱：一般亲密感缺失或者是过于自私的人会有这样的爱情，是三种成分均很低的结果；

◆ 完美之爱：很难实现的爱情，是三种成分均很高的结果。

追求幸福是一种能力，追求爱情也是，因此，做好自己从来都是追求爱情的准备。爱情不是童话，爱情也不等同于婚姻。不要在爱情中迷失了自我，等待爱情或陷入爱情的男女，无论现在走到哪一步，都不要忘了当初为了什么而出发！

悲观的力量

丁秀秀　段锦云

任何时候，一定程度的痛苦或烦恼对每个人来说都是必要的。没有压舱物的船是不稳定的，不会直行下去。

亚瑟·叔本华

我们这一代人从小就生活在父母辈殷切期望中，从小就被教育要做“乐观积极”的好学生，待工作了后继续被要求做一个“热情乐观”的好员工。似乎不能有消极负面的情绪，否则就要被质问：你为什么不能乐观一点呢？

全社会普遍在宣传一种乐观文化，乐观总是会被人为地与事业成功、人生幸福强行进行因果关系的逻辑解释，人们对悲观主义总会存有一定的“歧视”。

然而，事实上，乐观和悲观的差别更多是思维方式的差异。心理学家塞利格曼提出，**乐观是一种风格，而不是一种普遍的人格特质。**乐观的人把消极事件或体验归因于外部的、暂时的和特殊的因素，比如当前环境等；悲观的人则把消极事件或体验归因于内部的、稳定的和普遍的因素，如个人失败。所以，当考试没有考好时，乐观的人会说老师出的题目太难，考试时间太短；悲观的人则会说，自己复习得不好，或者自己太愚钝。这种风格是遗传和环境相互作用形成的。

心理学家朱莉·诺勒姆(Julie Norem)把悲观分为三种类型：

一种是气质性悲观。我们日常所说的悲观或乐观，往往都是基于气质层面的。气质性悲观指的是一种整体的倾向性，即人们在对未来的看法上，长期倾向于期待坏的结果。

一种是归因性悲观。也称为解释性悲观，即在一件事情发生后对它进行解释时，总会采取内在的、稳定的负面归因。与气质性悲观不同的是，它强调对过去发生事件的解释，而不是对未来的期待。

除了以上两种，还有一种悲观是在认知策略层面的，即防御性悲观。

防御性悲观是指，在过去的情境中取得过成功，但在面临新的相似的情境时，仍然设置不现实的低的期望水平，并反复思考事情的各种可能的负面结果。防御性悲观观点认为，悲观不一定会引起消极反应，消极思考也可以带来积极反应。

防御性悲观是个体的一种认知策略，其主要目的是自我保护和提供成就动机，实现这种认知策略可通过悲观预期、心理演练、制订计划三个步骤实现：

第一步悲观预期，即使用防御性悲观策略的个体在面对困难与挫折时，最先会进行负面思考，与采取悲观策略个体的不同之处在于，虽然进行负面思考，但不会放弃努力；

第二步心理演练，也可以理解为反思，即不断思考各种可能的结果，反思过程会降低焦虑和增加控制感；

最后一步制订计划，即在心理演练过程中将焦虑转化成正面刺激，促使个体做出规划并付诸行动。

个体是否采取防御性悲观策略受很多因素影响，有研究者认为主要会受到文化、家庭、个体自身三方面的影响。研究者仝晓慧认为，相比于西方，中国存在着更多的防御性悲观者，这是因为儒家文化强调三思而后行，这与防御性悲观中的反思性非常吻合。其认为儒家文化是催生防御性悲观者的沃土。家庭中父母如果时常降低孩子的积极预期，孩子使用防御性悲观策略的频率会增加；而个体基于保护自我和激励自我的需求，也会意识到防御性悲观策略使用的重要性。

一些研究表明，这种防御性悲观策略可以带来积极影响(以学业成绩为例)。个体使用防御性悲观策略会加强学习动机，从而降低悲观对学业成绩的负面影响。从这个角度来看，防御性悲观者相比真正悲观者的最大优势在于，真正悲观者会降低个体的学业成绩即带来不良反应，而防御性悲观者虽然降低了期望水平但不会影响学业成绩。

相比于乐观主义者，采取防御性悲观策略的人同样具有一些不可比拟的优势：

在实际生活里，防御性悲观者比乐观主义者更能接受最坏的结果。1992年，加利福尼亚州的一所研究机构开始跟踪1216个儿童的生活，调查结果显示，性格乐观的人并不比防御性悲观者更健康。性格过于开朗乐观的人，长大后容易酗酒、抽烟和冒险，比那些忧郁悲观的人过世得更早。这是因为防御性悲观者事先已经预想到各种可能，在真正需要面临最坏结果时，防御性悲观者更能接受，从而更少地产生负面情绪。

在日常工作中，防御性悲观者比乐观者更容易被认为是可靠的员工。这是因为防御性悲观者做事更加谨慎，会事先考虑到各种可能情况，也给老板留下一个稳重踏实的印象；而盲目乐观者通常把结果预想得太好，很少考虑不好的结果，在工作中更容易出错。

因此，不论是对于乐观者还是悲观主义者来说，防御性悲观策略都是可取的。乐观者更多采取防御性悲观策略，可以弥补自身思维的片面化，为自己树立一个热情可靠的员工形象；而对于悲观者来说，防御性悲观策略无疑是帮助悲观者更好生活的方法之一，它可帮助悲观者降低焦虑水平和获得控制感，更可以在工作中帮助其转化自身过于消极的形象。

从哲学意义上来说，悲观更被认为是对世界的一种清醒认识。悲观与乐观没有好坏之分，我们大可不必纠结于要求自己乐观地看待每一件事。坦白而论，能够让我们认清事实、面对现实的防御性悲观策略，或许才是我们身上所普遍缺乏的认知能力。

他们其实很相配

李月梅

当地时间 2016 年 5 月 30 日上午 10：30，袁弘和张歆艺在德国的霍亨索伦城堡结婚了。身穿劳伦斯·许所设计的红色礼服的张歆艺，幸福甜蜜。细雨绵绵的德国小镇，一切惬意又美好。

这一切看起来是如此罗曼蒂克，可是非常奇怪的是，微博上还是有很多粉丝接受不了袁弘和张歆艺结婚，原因无非就是张歆艺的二婚身份与袁弘的零绯闻男神形象之间的"冲突"。

这样一个现象，其实隐藏着许多心理学知识，我们可以来了解一下。

跳出刻板印象的圈套

大家总爱攻击张歆艺"感情经历丰富"，曾经和大她 16 岁的王志飞在一起七年，又离过婚。人们其实都没有真正和张歆艺面对面交谈过，而是根据媒体报道，拼凑出自己对她的看法，其实这些都是刻板印象。

Kawakami 在 2001 年的实验中发现，人们对于黑人、白人有不同的刻板印象，黑人图片启动后，被试对与黑人刻板印象相关的词反应更快，白人图片启动后，对与白人刻板印象相关的词反应更快。

刻板印象是指按照性别、种族、年龄或职业等要素进行社会分类形成的关于某类人的固定印象，是关于特定群体的特征、属性和行为的一组观念，或者说是对与一个社会群体及其成员相联系的特征或属性的认知表征。它可以让你在对个体没有任何实际接触的情况下就认定对方是这样或那样的人，进而做出自己的判断和评价。

由于刻板印象往往不是以直接经验为依据，也不是以具体事实为基础，而是只凭一时偏见或道听途说而形成的。因此，绝大多数刻板印象是不客观的、错误的，甚至是有害的。刻板印象的特征可归纳为：它是对社会人群的一种过于简单化的分类方式；在同一社会文化或同一群体中，刻板印象具有相当的普遍性；它多与事实不符，甚至有的是错误的。

走出创伤勇敢抓住爱

在现实中，张歆艺面对嘲讽、吐槽，从来都没有回应过，只是以真情回应攻击，这样的女孩，为什么不值得爱呢？

有很多人说，袁弘很勇敢，顶着大家的吐槽。但其实，在这段感情里，张歆艺才是更不容易的那一个吧。

在亲密关系的研究中，如果在感情中有过创伤，后来遇见了一个新的人，开始了一段新的关系，虽然还没有任何伤害发生，却总有一些旧的、熟悉的恐惧感跟随着你。这种恐惧感让你变得敏感、胆怯、多疑、悲观、容易退缩，也让你现在的伴侣感到困惑、愤怒、无奈，他们很可能会成为我们过去经历的受害者。

每个人的身上都或多或少带着来自过去的阴影，我们需要做的，就是拨开它，看见最本质、最核心的自己，再让真实自己遇见我们真正爱的人。到了那一天，我们所期待已久的，能够照进孤独的深渊中的阳光，就会到来。

经历过婚姻失败的张歆艺，还敢再次走进婚姻，难道不是更值得我们为她喝彩，为她祝福吗？

感情世界里，本来就没有对错，那些遗憾的、失败的感情，是让一个人成长的资本，而绝非什么道德污点。

安全的陪伴是最长情的告白

在现实生活中，袁弘喜欢黏着张歆艺，是个很小孩子气的人，他喜欢闲时看看星星，翻翻米兰·昆德拉的《生命中不能承受之轻》，安静地坐着，默默地感受岁月静好。而相对比较成熟的张歆艺，就一直把袁弘当“儿子”。

袁弘说，和张歆艺在一起之后，能够感到更多的安定，她教会他如何没心没肺地活着。所以说，和一个对的人在一起是多么重要，因为你的世界都会敞亮起来。

在心理学中，成人感情中也存在依恋关系。

心理学家哈杉和谢弗第一次把“婴儿—父母”的依恋类型理论放到成人的恋情关系语境中研究。

他们认为，成人恋情关系的本质也是一种依恋，它与“婴儿—父母”之间的依恋在以下几个方面相似：都会因为另一方在身边，并及时回应自己而感到安全；在身体和心理上都很紧密，都有身体上的接触；当无法“联系”到对方时，都会觉得不安全；都会与对方分享自己的新发现；都会喜欢对方的长相，相互迷恋，为对方专注；都会有一些“baby talk”，即用孩子的方式对话。这样的关系，胜过一切外加的东西！

让我们祝福袁弘和张歆艺吧！

初次与陌生人见面时，我们在想什么？

王啸天　段锦云

有人将我们与陌生人相遇的情境，比喻成身处黑暗的胡同或黑暗森林，对对方的一无所知，令我们感到身处黑暗般的茫然。我们潜意识地会在与陌生人接触的第一时间，就做出对他的评断，并依此进行下一步的作为。那么，我们在形成对陌生人的第一印象之时，到底在关注些什么呢？

研究表明，人们仅需要 0.1 秒，就能通过他人的面部特征来决定对方是否值得信任。我们在与他人第一次接触时，就会迅速地判断他是带着善意还是敌意，如果双方是合作关系，我们同时也会考量对方是否具备完成合作的条件与能力。

普林斯顿大学的研究者菲斯克(Fiske)等人指出，**温暖与能力是社会认知中的两个基本维度**，在人们对他人的社会行为进行评估判断时，这两个特质的重要性达到了 82%。简而言之，我们对陌生人的各种评判，最终大部分落在了对方“是否温暖(是敌是友)”和“是否有能力”这两个问题上。菲斯克等人认为，**温暖与友好、可信赖、同情、善良等特质相关，是一种他利特质；而能力包括了智力、技能、创造性、效率等，是一种自利特质。**

哈佛大学学者卡迪(Cuddy)等人指出，在印象形成时，温暖这一维度暗示了他人对自己的社交意图(积极或消极)，而能力维度则回答了他人是否有能力实施其意图这一问题。

在美国人选择特朗普还是希拉里当总统之时，事实上，绝大多数普通美国民众对总统候选人的判断也依据着这两个维度。特朗普和希拉里自身和其所展露的政治意图是否友善(温暖维度)，两人上任后又是否能说到做到(能力维度)，这显然是大众最关心的问题。相比而言，特朗普滑稽的话语及行为更显温暖，希拉里精英的形象及多年的政治经验更具能力，这也使得这场大选竞争难解难分，也令民众难以抉择。不过，最后似乎温暖维度占据了上风。

对温暖判断的优先性

尽管研究已证实，在第一印象形成时，对温暖与能力的评估总是同时出现，但两者仍有不同的优先级。**人们在进行社会判断时，首要是对温暖进行判断，即对温暖的评估要优先于对能力的评估。**且在一定（较小）程度上温暖更为重要。

举例而言，肥胖的人常会被刻板地认为能力维度较低，也就会在初期的接触中遭受他人的歧视、厌恶。然而，假如他是个温暖的胖子，他因低能力而遭受负面对待的概率将大大降低；即温暖的特质会引入相对积极的情绪反应，中和他人的消极情绪。其原因在于具有温暖特质的人更能使人觉得安全和可信赖，也就会使人理所当然地愿意接近。

在进化的视角中，与温暖的他人交往更有利于个体在社会中良好地生存发展；一个社交意图不友好的人（不具备温暖特质），即使没有能力实施其社交意图或行为，也会使人产生威胁感。**此外，对于温暖的评估不仅是优先的，也是更为快速的。**在认知层面上，人们对温暖信息表现得更加敏感，相较于与能力相关的词汇，人们会更快地对温暖相关词汇做出反应。

印象影响态度

根据温暖与能力的两维结构，陌生人在被我们评估后，大概会被划分到四类人群中：**高温暖且高能力、高温暖但低能力、低温暖但高能力和低温暖且低能力。**真实的情况并不如此简单，但大体上遵从此分类原则。而温暖、能力两维度高低的四种不同组合常会引发人们不同的情绪反应（或态度），**对如上四类人的情绪反应依次是：崇拜、同情、嫉妒、轻视。**

同时具备高温暖特质与高能力特质的个体，几乎都是社会中高地位的个体。高地位群体常常被视作是社会参照群体，社会中的其他个体对他们充满了敬意并会引发崇拜这一情绪反应（例如贵族群体）。

而当某个人被视作是不温暖且没有能力时，他在社会中往往就只能拥有低地位，这些游手好闲而又冷漠的人通常会遭受轻视甚至歧视（例如穷苦的犯罪人员）。

上述两种组合是相对极端的，所引发的情绪反应也相应极端。

拥有低温暖、高能力组合的个体通常也是具有高地位的成功人士，然而，他们的冷漠常显得带有攻击性或敌意。社会中的其他个体渴望获得他们的高地位，但又因其冷漠只能对他们敬而远之，由此引发嫉妒的情绪。

相对地，高温暖、低能力的组合，例如大部分年长者，他们通常都是真诚和友好的，人们乐于接近他们，但他们可能因为衰老而丧失了部分能力或地位而使人感到同情。

一个有趣的发现来自研究者凯文(Kervyn)等人的研究：**同样有能力的两个人，那个显得冷(酷)的，别人会认为他更有能力；而两个同样温暖的人，那个显得没有能力的人，别人会认为他更加温暖。**这源于一种对比效应，前者的冷让能力特征显得更明显，后者的低能也把温暖特征衬托得更加明显。

上述结果带有着明显的刻板印象，但在初次相识的认知评估中，我们对人的评判难免偏颇，这也是为何孔子劝诫世人莫以貌取人。所以，我们在为人处世的过程中，不应过分依赖对他人的第一印象，凡事留余地，因为日久见人心。

而成为具备高能力和高温暖特质的人可能会显得遥不可及，但我们仍可修身养性，变得友善、豁达，至少成为一个温暖的人，这一定会促进自己的人际关系。

社会比较中的补偿效应

陌生人之间的接触如同战场上的短兵相接，当我们快速地评估陌生人时，其实对方也在通过改变印象管理策略来应对这种评价。

叶史瓦大学学者斯文森尼斯(Swencionis)和普林斯顿大学学者费斯克(Fiske)的研究表明：面对地位不同的对象时，人们的印象管理策略不同。具体地说，为了对抗基于地位的偏见，**在跟下级(社会**

地位比自己低)比较时,人们更愿意降低自己的竞争力(能力维度)且表现得更加温暖;在与上层(社会地位比自己高)比较时,人们会采取相反的策略,即为了更好地与比较的目标匹配,人们会降低温暖,使自己表现得更具有竞争力。

每个人在与他人进行交往的过程中,不仅在快速判断对方,也在针对性地调节自身所展现的温暖/能力指标,期许着通过两者之间的调整,获得与对方更为匹配的交往关系,继而赢得更为积极的交往结果。

在一个和谐共进的时代,社交实则是双方倾尽全力,以求获得共赢。我们既要快速、可靠地评估对方,又要适时调节自身以赢得他人的信赖。正是社会认知中微妙的交互关系,使人类在群居生活中不断互动、共同进步。

隔着空气与海感受你的呼吸与起伏——为什么相见不如怀念？

丁凯琳

文艺青年总是喜欢这么说："与其说喜欢眼前的你，还不如说喜欢想象中的你，也许喜欢怀念你，多于看见你，也许喜欢想象你，多于得到你。"

看过《查令十字街 84 号》的读者会发现，海莲的通信对象是整个书店，而非弗兰克本人，**用书籍去交流，是一种纯粹灵魂与灵魂间的对话。**有人说，海莲与弗兰克之间必定有爱情，因为唯有爱情的力量才可以让素不相识的两个人保持二十年如此长久的通信。他们的爱太过于辽阔，**这种辽阔就犹如一种守望，犹如银河守望着地球。**

情绪是一种感受，一旦因为某种刺激而激发，便会如滔滔江水，如果强行以理性来克制情绪，这就好比给自己心灵的河坝强制增加高度，一旦决堤，后果不堪设想。故而可以解释为什么越是不见，越是想念。

心理学家曾做过一个实验：将被试分为甲、乙两组，同时演算相同的数学题。但对甲、乙两组采取不同的实验处理方式：让甲组顺利演算完毕，而在乙组演算中途，突然下令使其停止演算。然后让两组分别回忆演算的题目，乙组的回忆量明显优于甲组。这种因未完成而引发的不快深刻地留存于乙组被试的记忆中，久搁不下。而那些已完成演算的人，其完成欲得到了满足，便轻松地忘记了任务。

人都有一种趋向于完成的欲望，行为一旦开始，个体就倾向于将这一行为完成，即使行为已经变得毫无意义。

情感中的边际效应

德国经济学家戈森(Gossen)对边际效用递减率作过如下论述：假设连续不断满足一种相同的享乐(效用)，享乐的强度会持续递减，直至最终达到饱和。心物函数反映的规律，不仅存在于经济学领域，也广泛存在于精神、价值领域，例如主观幸福感。大量事实表明，随着引发幸福感的物质刺激(幸福诱因)的增加，幸福感并不随着刺激量的增加而直线上升，随着幸福诱因的累积，要引发同量的幸福感，就需要更多的刺激。这也能更好地阐述“小别胜新婚”的道理。

当恋爱的激情渐渐被柴米油烟、烦琐单调的一天又一天洗刷得所剩无几时，人就会有无意义感的焦虑。所以，要保持男女双方灵魂的进步。只有彼此都在进步，才有不同的新鲜感；而只有让灵魂在进步中相互交流、彼此鼓励、理解与磨合，才是真正的完美婚姻。

著名心理学大师弗洛姆(Fromm)曾在其心理学著作《爱的艺术》一书中提到：“爱情是一种积极的，而不是消极的情绪；是人内心生长的东西，而不是被俘虏的情绪。用另一种说法来表达，**即爱情首先是给而不是得**，如果你在爱别人，但却没有唤起他人的爱，那么你的爱情就是软弱无力的。”

弗洛姆又说：“爱情是对生命以及我们所爱之物成长的积极关心，如果缺乏这种积极的关心，那么这只是一种情绪，而不是爱情。”爱并不一定要得到，但一定要给所爱之人积极的关心与栽培，爱上一个不完美的人是一件非常完美的事，因为我们可以耗尽自己毕生的修为，使对方变得更加完美。

两性关系中的性知觉偏差

王国轩　段锦云

性对于人类生存和繁衍是必不可少的。法国哲学家福柯(Foucault)在其著作《性史》中谈到，有节制的性和合理的饮食、睡眠、锻炼一样，是高质量的生命所不可或缺的。

心理学家弗洛伊德认为人类埋藏于心底的潜意识源于对性的渴望。时至今日，人们对于两性话题的关注度高居不下，两性关系的和谐更是通向幸福的必经之路。

两性关系中的性知觉偏差

由于周遭环境的复杂性、知觉者的价值导向，以及知觉者加工信息能力的有限等等，人们在日常生活中，在认识自己或他人时，会不可避免地产生知觉偏差。社会心理学中诸如首因效应（第一印象所导致的知觉偏差）、近因效应（最近印象所导致的知觉偏差）以及刻板印象等等，都是知觉偏差的体现。知觉偏差影响着主体对客体的感知与评价，进而影响着两者间的关系。

在人类庞大的社会关系网中，伴侣关系尤为重要。《孟子》里有云“食色，性也”，性是人类本源的欲望之一，它是联结伴侣关系的一条重要纽带。然而，清晰知觉对方的性欲望并非一件易事，人们难免也会产生各式各样的性知觉偏差。

对伴侣性欲望的知觉偏差主要分为两类：低知觉与高知觉。以为伴侣不在状态，但事实上他/她“性”趣盎然，这种情况称为**低知觉**；认为对方爱意浓浓、迫不及待，但事实却是对方“无心恋战”，这种情况称为**高知觉**。

相对于高估女性的“性”趣，低估会造成更多生殖亏损，因此男性潜意识倾向于选择高知觉的策略，宁愿相信女性对性有着更强的兴趣（实际并没有）。此外，男性有时也会主观地推己及人，自己“性”趣盎然就想当然地认为伴侣也是这样。因此，高知觉的观点很有市场。

纽约大学的研究者拉古比尔(Raghubir)和研究者恩格勒(Engeler)通过对约会不久的男女进行调查,的确发现了这一现象。

然而,研究者缪斯(Muise)等人提出了不同的观点：**从伴侣长期交往的角度来看,高知觉偏差不具普适性,低知觉偏差更为合理。**

初次约会时,男性会高估对方的性意图,女性则不然

拉古比尔和恩格勒用巧妙的方式进行了研究：被试(无论男女)均想象并描述一个约会场景(前提是女主和男主只经历过几次约会但尚未发生关系),接着完成三个任务：

- 当女主/男主是自己时,评价自己的性意图。
- 评价对方(他/她)的性意图。
- 当女主/男主是另外的一名同性时(置身事外),评价他/她的性意图。

通过对千余名被试(既有学生又有工作群体)的调查发现：

- 约会不久时,男性总是高估女性的性意图。
- 相对于女性高估男性来说,男性高估女性性意图的程度更深。
- 无论男/女,都会或多或少掩饰自己的性意图。女性实际上并没有高估对方(即男性)的性意图,男性显然更加自作多情。

长期稳定交往中(如婚后),低感知伴侣的性意图更为明智

缪斯等人对44对异性恋伴侣(68%已婚,32%同居,年龄跨度为32～61岁)进行为期21天的追踪调查研究,被试报告了他们的性知觉、经历与体验。

结果发现，男性被试会低感知其异性伴侣的性欲望，且作用十分显著；女性被试没有明显地表现出过低感知与过度感知的倾向。此外，作者还发现，相比于高感知倾向，男性低感知倾向更能激发女性的满意感与忠诚感；女性低感知的倾向也能激发男性伴侣的满意感，但没有更强的忠诚感。由此来看，**做好“坏打算”的策略更有益于两性关系的稳定与持久。**

男性缘何产生低知觉偏差?

首先，男性对于性的兴趣通常强于女性。男性在性生活中更为积极和主动，而女性更多时候是被动的接受者。有更高欲望可能意味着男性在异性恋中要承担更多责任去维护双方性方面的关系。

如果个体高估伴侣的宽容、信任或爱，可能引发个体的自满情绪，从而缺乏建立安全关系的内部动力。相反，低估这些特征，会激励个体争取更多关怀。由于性欲望是伴侣间一种重要的交互特征，因此缪斯等人认为，高感知伴侣性欲望会让个体缺乏动力从而不利于双方关系的稳定，而低感知刺激个体煽动对方的情趣，使双方的气氛更加融洽，对关系的维稳更有助益。

此外，通常而言，来自爱人的拒绝要比其他人的拒绝更具杀伤力，对个体带来更多的情感痛苦。遭受伴侣性拒绝的个体，会产生更多的情感危机和失落感。**这些研究都证实，性拒绝会降低情侣关系的质量。**

来自风险管理理论的启示：人们不喜欢被拒绝，更不喜欢被拒绝带来的伤害，因此个体会选择降低被拒绝所带来的伤害，从而有利于关系的稳定性。**低感知有利于个体避免承担被拒绝的风险。**

在长期稳定的交往中，选择低感知伴侣策略更有利于男性维护其与伴侣之间的性关系，也会使男性避免被女性拒绝所带来的尴尬。因为期望越高，失望越大。看来，若想长期交往，男性采取低知觉伴侣的策略不失为明智之举。

世上所有的情感文字，都是盲人摸象

段锦云

爱情是一种体验，一种艺术般的体验，它似双人舞、似对唱、似并肩作战……它需要创造力，有时难以预测；它有赖于沟通和自律；它有时是令人沮丧的，包含着痛苦，当然更包含着快乐。

我们一辈子会读无数情感文字，听很多歌，或看很多爱情电影。它们有着不同的情节，不同的脚本，不同的模式，以及传达着不同的情绪。摄入多了，感受多了，我们似乎懂得了很多，知道感情是怎么回事了。然而，事实也许常常并不如你所想，你可能只是知道了事情的一部分或一种可能，而没有看到其他部分和可能。这可能是因为文字本身的局限性，也可能是因为感情太过丰富多样、难以全面描摹，或也可能受限于创作者本身的生活脚本或动机立场。

成为传情达意工具的文字具有无可救药的缺陷

费孝通在《乡土中国》中讲述为什么乡土社会中人们的交流甚少用文字，而习惯“不言”“沉默”或使用其他身体语言时，说道：文字发生之初是“结绳记事”，这是因为，在空间和时间中人和人的接触发生了阻碍，我们不能当面讲话，才需要找一些东西来代话。而对于文字本身而言，它所能传的情、达的意，是不完全的。文字具有多音节和多义性，人们往往很难掌握对文字的准确理解，致使在使用它来表达一些情感时词不达意。而且文字太古板，难以体现出当时当地说话人的某种强烈而丰富的情感。

文字是间接的说话，而且是个不太完善的工具。我们所要传达的情意是和当时的情境相配合的，而时过境迁，就很难产生当时的情愫，因此，文字这个传情达意的工具具有无可救药的缺陷。

N种爱情，N种模样

世界的美好在于其多样性。颜色有红、橙、黄、绿、蓝、青、紫七种，以及它们组合形成的无数新种类；人也有喜、怒、哀、乐、惊、思、恐七种基本情绪，以及它们组合构成的无数种新情绪，正所谓五味杂陈。

有的人一见钟情，然后白头偕老；也有人一见钟情，然而最终并没走在一起。有人学生时代就相爱，工作后结婚；更多的人学生时代恋爱，但一毕业或者还没毕业，就分了手。有人结了婚，可遗憾地离了；有人结了婚，离了，又结了，也有复合的。大多数人一辈子只结一次婚，有人一辈子结 N 次婚，有人一辈子没结婚。有人 20 岁就结了婚，有人 40、50 岁才结第一次婚。有人爱比自己大的，也有人爱比自己小的。有人一辈子就谈一次恋爱，更多的人一辈子谈 N 次恋爱。**N 种爱情，N 种模样。彼时对的情愫，此时不一定恰当。他人的感情样式，对你也不一定合适。不必艳羡，无须模仿；不用嫉妒，更不要泼凉水。**

稀缺的，难以实现的，更会令人向往，比如梁山伯与祝英台，罗密欧与朱丽叶，灰姑娘与白马王子。但这毕竟不是常规的，或者说，基本是不现实的。长期来看，感情终归会走向平淡和不惊。更多时候需要用多样繁杂的小变化来抵抗平淡，幸福取决于一连串的“小确幸”。唯有如此，经得起细水长流，方能修得正果。

写情感文字的只代表了人群的一小半

能够写出情感文字并让你阅读的，这样的人多半是文艺青年或文字爱好者，他们属于善于思考的一类人。这类人只是这个世界人群的一部分，甚至是很小的一部分。这个世界还有大量不会操弄文字的人，所以，你读到的任何情感文字，看到的任何电视电影，都只代表了小众的心情。虽然，任何作者都会去揣摩读者的偏好，但他能揣摩到的，也只是那些爱好文字并有阅读习惯的人的心。

不光如此，每个创作者都有自己独特的人生经历，这会影响他对情感的理解，同一种情感，不同人的理解也会有所不同。除了理解层面，在动机或立场上，每个人也会有差异。创作者的作品，常常带有其本人深深的烙印或倾向性。归根结底，情感终究是一个十分主观的东西。

无论写得怎么风花雪月，人在本质上终究是一类动物，他有着所有动物都有的自然属性。虽然感情的模式千变万化，千差万别，也常常令人感动和向往。但是，所谓爱情，从人的动物性上来看，就是为了抱团取暖，为了满足欲望和本能，虽然在现代社会这个中的功用越来越淡化，但这个底色依然存在。

你就是情感中的主角

感情无定式，但大体还是有一些原则可以遵守。比如，双方是否自愿，是否真诚。只要在自愿的基础上，彼此真诚对待，无论模式如何，结果如何，都值得尊重，别人都没有权力干涉或指指点点。

感情无定式，没有标准化的感情；情爱里无智者，最聪明的人面对感情也可能会无所适从。因此，对待感情，遵照本心去做就好，不用模仿别人，不要觉得某种模式就是最好的，非得这样。当然，更无须羡慕嫉妒恨，或顾虑他人。在感情这件事上，他人都是背景，你就是主角。

想要获得他的喜欢吗？多问他几个问题吧！

吴俏敏　段锦云

试设想下面的情境：

在一次聚会上，你跟A初次见面。此时，A正讲述一个有趣的故事，你很感兴趣并向A询问了一系列问题，使A更加完整且详细地讲述了这个故事。随后，你和A互相寒暄并道别。之后你突然意识到A并没有向你提问题，于是你没有向A分享自己故事的机会。

一般情况下，人们在内心深处都渴望他人会喜欢自己。那么这时，你和A，谁给彼此留下的印象更好呢？

研究发现：在A和B两个人的谈话中，随着A提问数量的增加，B对A的喜欢程度也会提高！这种情况广泛应用于日常生活、约会、谈判等各种社交场合中。

在日常生活中，我们交谈有两个主要的目的：信息交换和印象管理。提问是我们在交谈中常使用的一种手段，通过鼓励对方继续讲述或回答问题来引导谈话的进行。

提问会影响他人对你的喜欢程度

在两个人交流的过程中，尽管我们能够通过提问得到自己想要的信息，但也可能会出于某些原因不提问：

原因一，压根儿没有想到可以提问：过于关注自己的思想及情感表达，对他人说什么不感兴趣；被交谈中的其他方面困住了心神，以至于未能意识到提问也是一种维持谈话的方式。

原因二，故意放弃提问：不知道该问什么样的问题，或者担心提出来的问题是没有礼貌、不恰当或无能的体现。

交谈中可供我们选择的会话策略包括：关注他人行为，如赞同或抱怨他人的想法；自我关注行为，如谈论自己。

事实上，在绝大多数情况下，人们更倾向于分享自身信息，而不是去讨论其他的话题。研究表明，在酒吧、火车站等公共场所的谈话中，人们有 2/3 的时间都在谈论个人经历，尤其是遇到陌生人时，人们倾向于使用自我关注的表达策略，来提升自我形象，如面试人员常过分地在面试中展示自己，以期在面试环节留下好印象。这一点尤以西方人为甚。

但是，如果你想给他人留下深刻的印象，选择关注自我的策略实际上是错误的。因为，当你将话题的中心转移到自己身上时，就像是在吹牛或刻意主导谈话方向，反而不会受到对方的喜爱。相反，当你选择关注他人的策略，如在言语中确认对方的陈述，从对方那里获取信息，或关注他人的言谈举止，会让对方更加喜欢你。

提问为什么可以获得对方好感？

研究者认为，**高质量的提问意味着提问者具备高水平的响应能力，响应能力包含三个部分：理解、确认和关心。**

理解——准确理解对方的观念，包括他们的需求、目标、信念、情感和生活状态等。在我们对一个人不熟悉的情况下，理解是比较困难的，而提问会增加对方信息的暴露程度，从而帮助我们更准确、恰当地理解对方。

确认——评估并尊重对方。提问意味着承认对方观点的趣味性和价值性，你很想要进一步了解。因此，在这个意义上，提问本身也是一种对对方的积极支持。

关心——表现出对对方的关心。提问能展示出对对方的善意、好奇和共情心理，进而增加对方喜欢自己的机会。

因此，高质量的提问（包括提问数量）可以通过响应能力来影响他人对自己的好感和喜欢。当然，如果对方十分繁忙或疲惫，急于结束谈话，那将是另外一回事。

进一步研究还发现，当问题类型是追问时，提问对喜欢的影响更强烈，下表列举了几种不同类型的提问方式。

表1　不同类型的提问方式

问题类型	举例
追问	我打算去加拿大旅行。 哇，很棒，你之前去过加拿大吗？
全部转换式问题	我在一家干洗店工作。 你喜欢做什么？
部分转变式问题	不是特别喜欢户外运动，但不排斥偶尔爬山或做其他类似的事情。 你去过波士顿的海滩吗？
复述式问题	你早餐吃了什么？ 我吃了鸡蛋和水果。你呢？
引入式问题	你好。 你好，最近好吗？
反问	你曾参加过什么疯狂的活动？ 昨天我跟着一个军乐队，他们要去向何方？这是一个秘密。

需要注意的是，提问（及数量）只会影响对话双方之间的喜欢程度，并不会影响第三方观察者对谈话双方的喜欢程度。相反，回答问题更多的人反而会更受到第三方观察者的青睐！

英文参考文献：

Adam, H., Obodaru, O., Lu, J. G., Maddux, W. W., & Galinsky, A. D. (2018). The Shortest Path to Oneself Leads around the World: Living Abroad Increases Self-concept Clarity. *Organizational Behavior & Human Decision Processes*, 145, 16 – 29.

Anandi, M., Mullainathan, S., Shafir, E., & Zhao. J. Y. (2013). Poverty Impedes Cognitive Function. *Science*, 341(6149).

Bayliss, A. P., & Tipper, S. P. (2010). Predictive Gaze Cues and Personality Judgments: Should Eye Trust You?. *Psychological Science*, 17(6), 514 – 520.

Becker, M. C., Knudsen, T. (2005). The Role of Routines in Reducing Pervasive Uncertainty. *Journal of Business Research*, 58: 746 – 757.

Belmi, P., & Pfeffer, J. (2016). Power and Death: Mortality Salience Increases Power Seeking while Feeling Powerful Reduces Death Anxiety. *Journal of Applied Psychology*, 101(5), 702 - 720.

Boothby E. J., Clark, M. S., &Bargh J. A. (2017). The Invisibility Cloak Illusion: People (incorrectly) Believe They Observe Others more than Others Observe them. *Journal of Personality and Social Psychology*, 112(4), 589 - 606.

Caprariello, P. A., Cuddy, A. J., & Fiske, S. T. (2009). Social Structure Shapes Cultural Stereotypes and Emotions: A Causal Test of the Stereotype Content Model. *Group Process Intergroup Relation*, 12(2), 147 - 155.

Celik, P., Storme, M., & Myszkowski, N. (2016). Anger and Sadness as Adaptive Emotion Expression Strategies in Response to Negative Competence and Warmth Evaluations. *British Journal of Social Psychology*, 55(4), 792.

Chou, H. T., & Edge, N. (2012). "They are Happier and Having Better Lives than I am": The Impact of Using Facebook on Perceptions of Others' Lives. *Cyberpsychology Behavior & Social Networking*, 15(2), 117 - 121.

Cuddy, A. J. C., Glick, P., &Beninger, A. (2011). The Dynamics of Warmth and Competence Judgments, and Their Outcomes in Organizations. *Research in Organizational Behavior*, 31(31), 73 - 98.

Dar-Nimrod, I.,Rawn, C. D., Lehman, D. R., & Schwartz, B. (2009). The Maximization Paradox: The Costs of Seeking Alternatives. *Personality and Individual Differences*, 46(5 - 6), 631 - 635.

Demanet, J., & Houtte, M. V. (2012). Teachers' Attitudes and Students' Opposition. School Misconduct as a Reaction to Teachers' Diminished Effort and Affect. *Teaching & Teacher Education*, 28(6), 860 - 869.

Engeler,I. & Raghubir, P.(2018).Decomposing the Cross-sex Misprediction Bias of Dating Behaviors: Do men Overestimate or Women Underreport Their Sexual Intentions? *Journal of Personality and Social Psychology*, 114(1), 95 - 109.

Ertel, S., & Dean, G. (1996). Are Personality Differences between Twins Predicted by Astrology? *Personality and Individual Differences*, 21(3), 449 - 454.

Eysenck, H. J. (1979). Astrology: Science or Superstition? *Encounter*, 53(6), 85 - 90.

Fine, S., Goldenberg, J., & Noam, Y. (2016). Beware of Those Left Behind: Counterproductive Work Behaviors among Nonpromoted Employees and the Moderating Effect of Integrity. *Journal of Applied Psycholog*y, 101(12), 1721 - 1729.

Fiske, S. T., Cuddy, A. J., & Glick, P. (2007). Universal Dimensions of Social Cognition: Warmth and Competence. *Trends in Cognitive Sciences*, 11(2), 77 - 83.

Fiske, S. T., Cuddy, A. J., Glick, P., &Xu, J. (2002). A model of (Often Mixed) Stereotype Content: Competence and Warmth Respectively Follow from Perceived Status and Competition. *Journal of Personality & Social Psychology*, 82(6), 878 - 902.

Freire, A., Eskritt, M., & Kang, L. (2004). Are Eyes Windows to a Deceiver's Soul? Children's Use of Another's Eye Gaze Cues in a Deceptive Situation. *Developmental Psychology*, 40 (6), 1093 - 1104.

Furnham, A., Stumm, S. V., & Fenton-O'Creevy, M. (2014). Sex Differences in Money Pathology in the General Population. *Social Indicators Research*, 123(3), 1 - 11.

Gomulya, D., Wong, E. M., Ormiston, M. E., & Boeker, W. (2017). The Role of Facial Appearance on CEO Selection after Firm Misconduct. *Journal of Applied Psychology*, 102(4), 617 - 635.

Greenberg, J., Pyszczynski, T., Solomon, S., Pinel, E., Simon, L., & Jordan, K. (1993). Effects of Self-esteem on Vulnerability-denying Defensive Distortions: Further Evidence of an Anxiety-buffering Function of Self-esteem. *Journal of Experimental Social Psychology*, 29(3), 229 - 251.

Hamilton, M. (2001). Who Believes in Astrology?: Effect of Favorableness of Astrologically Derived Personality Descriptions on

Acceptance of Astrology. *Personality and Individual Differences*, 31(6), 895 - 902.

Hazan, C., & Shaver, P. (1987). Romantic Love Conceptualized as an Attachment Process. *Journal of Personality and Social Psychology*, 52(3), 511.

Hennecke, M & Freund, A.M. (2014). Identifying Success on the Process Level Reduces Negative Effects of Prior Weight Loss on Subsequent Weight Loss During a Low-Calorie Diet, *Applied Psychology: Health and Well-being*, 6 (1), 48 - 66.

Holmes, J. G., Miller, D. T., & Lerner, M. J. (2002). Committing Altruism Under the Cloak of Self-interest: The Exchange Fiction. *Journal of Experimental Social Psychology*, 38 (2), 144 - 151.

Huang, L., Gino, F., &Galinsky, A. D. (2015). The Highest Form of Intelligence: Sarcasm Increases Creativity for both Expressers and Recipients. *Organizational Behavior & Human Decision Processes*, 131, 162 - 177.

Jones, B. C.,DeBruine, L. M., Little, A. C., Conway, C. A., & Feinberg, D. R. (2006). Integrating Gaze Direction and Expression in Preferences for Attractive Faces. *Psychological Science*, 17(7), 588 - 591.

Kawakami, K., &Dovidio, J. F. (2001). The Reliability of Implicit Stereotyping.*Personality and Social Psychology Bulletin*,

27(2), 212 - 225.

Kellett, S., & Bolton, J. V. (2009). Compulsive Buying: A Cognitive-behavioural Model. *Clinical Psychology & Psychotherapy*, 16, 83 - 99.

Kervyn, N., Bergsieker, H. B., Grignard, F., & Yzerbyt, V. Y. (2016). An Advantage of Appearing Mean or Lazy: Amplified Impressions of Competence or Warmth after Mixed Descriptions. *Journal of Experimental Social Psychology*, 62, 17 - 23.

Kouchaki, M., Smith-Crowe, K., Brief, A. P., & Sousa, C. (2013). Seeing Green: Mere Exposure to Money Triggers a Business Decision Frame and Unethical Outcomes. *Organizational Behavior and Human Decision Processes*, 121(1), 53 - 61.

Kukar-Kinney, M., Ridgway, N. M., & Monroe, K. B. (2009). The Relationship between Consumers' tendencies to Buy Compulsively and Their Motivations to Shop and Buy on the Internet. *Journal of Retailing*, 85(3), 298 - 307.

Lea, A. M., & Ryan, M. J. (2015). Sexual Selection: Irrationality in Mate Choice Revealed by Túngara Frogs. *Science*, 349(6251), 964 - 966.

Leheta, D., Dimotakis, N., & Schatten, J. (2017). The View over One's Shoulder: The Causes and Consequences of Leader's Envy of Followers. *Leadership Quarterly*, 28(3), 451 - 468.

Levine, E. E., & Schweitzer, M. E. (2014). Are Liars Ethical?

On the Tension between Benevolence and Honesty. *Journal of Experimental Social Psychology*, 53, 107 - 117.

Levine, E. E., & Schweitzer, M. E. (2015). Prosocial Lies: When Deception Dreeds Trust. *Organizational Behavior and Human Decision Processes*, 126, 88 - 106.

Levine, E. E., & Schweitzer, M. E. (2015). The Affective and Interpersonal Consequences of Obesity. *Organizational Behavior and Human Decision Processes*, 127, 66 - 84.

Levine, E., Hart, J., Moore, K., Rubin, E., Yadav, K., & Halpern, S. (2018). The Surprising Costs of Silence: Asymmetric Preferences for Prosocial Lies of Commission and Omission. *Journal of Personality and Social Psychology*, 114(1), 29 - 51.

Liu, W., & Aaker, J. (2008). The Happiness of Giving: The Time-ask Effect. *Journal of Consumer Research*, 35(3), 543 - 557.

Lu, J. G., Hafenbrack, A. C., Eastwick, P. W., Wang, D. J., Maddux, W. W., & Galinsky, A. D. (2017). "Going Out" of the Box: Close Intercultural Friendships and Romantic Relationships Spark Creativity, Workplace Innovation, and Entrepreneurship. *Journal of Applied Psychology*, 102(7), 1091 - 1108.

Lu, J. G., Quoidbach, J., Gino, F., Chakroff, A., Maddux, W. W., & Galinsky, A. D. (2017). The Dark Side of Going Abroad: How Broad Foreign Experiences Increase Immoral Behavior. *Journal of Personality & Social Psychology*, 112(1), 1 - 16.

Lupoli, M. J., Levine, E. E., & Greenberg, A. E. (2018). Paternalistic Lies. *Organizational Behavior & Human Decision Processes*, 146, 31–50.

McElroy, S. L., Keck, P. E., Pope, H. G., Smith, J. M. R., Strakowski, S. M. (1994). Compulsive Buying: A Report of 20 Cases. *Journal of Clinical Psychiatry*, 55 (6), 242–248.

Mogilner, C. (2010). The Pursuit of Happiness Time, Money, and Social Connection. *Psychological Science*, 21(9), 1348–1354.

Muise, A., Stanton, S. C. E., Kim, J. S., & Impett, E. A. (2016). Not in the Mood? Men Under- (not over-) Perceive Their Partner's Sexual Desire in Established Intimate Relationships. *Journal of Personality and Social Psychology*, 110(5), 725–742.

Müller, A., Mitchell, J. E., & De, Z. M. (2015). Compulsive Buying. *American Journal on Addictions*, 24(2), 132–137.

Nash, R., Fieldman, G., Hussey, T., Lévêque, J., & Pineau, P. (2006). Cosmetics: They Influence More than Caucasian Female Facial Attractiveness. *Journal of Applied Social Psychology*, 36 (2), 493–504.

Nevicka, B., De Hoogh, A. H., Van Vianen, A. E., & Ten Velden, F. S. (2013). Uncertainty Enhances the Preference for Narcissistic Leaders. *European Journal of Social Psychology*, 43 (5), 370–380.

Newark, D. A., Bohns, V. K., & Flynn, F. J. (2017). A

Helping Hand is Hard at Work: Help-seekers' underestimation of Helpers' Effort. *Organizational Behavior and Human Decision Processes*, 139, 18 - 29.

Newman, G. E., & Cain, D. M. (2014). Tainted Altruism When Doing Some Good is Evaluated as Worse than Doing no Good at all. *Psychological Science*, 25(3), 648 - 655.

Palmeira, M. (2015). Abstract Language Signals Power, But Also Lack of Action Orientation. *Journal of Experimental Social Psychology*, 61, 59 - 63.

Paul, R. (2008). Mediators of the Association between Narcissism and Compulsive Buying: The Roles of Materialism and Impulse Control. *Psychology of Addictive Behaviors*, 21(4), 576 - 81.

Paulhus, D. L., & Williams, K. M. (2002). The Dark Triad of Personality: Narcissism, Machiavellianism, and Psychopathy. *Journal of Research in Personality*, 36, 556 - 563.

Rieger, G., Savin-Williams , R. C., Chivers , M. L., & Bailey , J. M., (2016). Sexual Arousal and Masculinity-Femininity of Women. *Journal of Personality and Social Psychology*, 111(2), 265 - 283.

Rogers, R. D., Bayliss, A. P., Szepietowska, A., Dale, L., Reeder, L., & Pizzamiglio, G., et al. (2013). I Want to Help you, but I am not Sure Why: Gaze-cuing Induces Altruistic Giving. *Journal of Experimental Psychology General*, 143(2), 763 - 777.

Rosenthal, S. A., & Pittinsky, T. L. (2006). Narcissistic leadership. *The Leadership Quarterly*, 17(6), 617 - 633.

Ryan, A. M., & Ployhart, R. E. (2000). Applicants' Perceptions of Selection Procedures and Decisions: A Critical Review and Agenda for the Future. *Journal of Management*, 26, 565 - 606.

Sagioglou, C., & Greitemeyer, T. (2016). Individual Differences in Bitter Taste Preferences are Associated with Antisocial Personality Traits. *Appetite*, 96, 299 - 308.

Scheepers, D., Wit, F. D., Ellemers, N., & Sassenberg, K. (2012). Social Power Makes the Heart Work more Efficiently: Evidence from Cardiovascular Markers of Challenge and Threat. *Journal of Experimental Social Psychology*, 48(1), 371 - 374.

Schoel, C., Bluemke, M., Mueller, P., & Stahlberg, D. (2011). When Autocratic Leaders Become an Option-Uncertainty and Self-esteem Predict Implicit Leadership Preferences. *Journal of Personality and Social Psychology*, 101(3), 521.

Schwartz, B., Ward, A., Monterosso, J., Lyubomirsky, S., White, K., & Lehman, D. R. (2002). Maximizing Versus Satisficing: Happiness is a Matter of Choice. *Journal of Personality & Social Psychology*, 83(5), 1178.

Sherman, G. D., Lerner, J. S., Josephs, R. A., Renshon, J., & Gross, J. J. (2016). The Interaction of Testosterone and Cortisol is Associated with Attained Status in Male Executives. *Journal of*

Personality and Social Psychology, 110(6), 921 - 929.

Singh. J. V. (1986). Performance, Slack, and Risk Taking in Organizational Decision Making. *Academy of Management Journal*, 29(3): 562 - 585

Staw. B. M., Sandelands, L. E., Dutton, J. E. (1981). Threat-rigidity Effects in Organizational Behavior: A Multilevel Analysis. *Administrative Science Quarterly*, 26, 501 - 524

Steinmetz, J.,Xu, Q., Fishbach, A., & Zhang, Y. (in press). Being Observed Magnifies Action. *Journal of Personality & Social Psychology*, 111, 852 - 865.

Swencionis, J. K., & Fiske, S. T. (2016). Promote Up, Ingratiate Down: Status Comparisons Drive Warmth-competence Tradeoffs in Impression Management. *Journal of Experimental Social Psychology*, 64, 27 - 34.

Talhelm, T., Zhang, X., Oishi, S., Shimin, C., Duan, D., Lan, X., & Kitayama, S. (2014). Large-scale Psychological Differences within China Explained by Rice Versus Wheat Agriculture. *Science*, 344(6184), 603 - 608.

Teng, F., Chen, Z., Poon, K. T., Zhang, D., & Jiang, Y. (2016). Money and Relationships: When and Why Thinking about Money Leads People to Approach Others. *Organizational Behavior and Human Decision Processes*, 137, 58 - 70.

Tepper, B. J. (2000). Consequences of Abusive Supervision.

Academy of Management Journal, 43(2), 178 - 190.

Thaler, R. H. (1999). Mental Accounting Matters. *Journal of Behavioral Decision Making*, 12(3), 183 - 206.

Tilotta, F., Brousseau, P., Lepareur, E., Yasukawa, K., & Mazancourt, P. D. (2010). Emotional Reactivity and Self-regulation in Relation to Compulsive Buying. *Personality & Individual Differences*, 49(5), 526 - 530.

Tversky, A., Kahneman, D. (1992). Advances in Prospect Theory: Cumulative Representation of Uncertainty. *Journal of Risk and Uncertainty* ,5(4), 297 - 323.

Tversky, A., & Kahneman, D. (1991). Loss Aversion in Riskless Choice: A Rreference-dependent Model. *The Quarterly Journal of Economics*, 106, 1039 - 1061.

Vogel, R., Rodell, J. B., & Lynch, J. (2016). Engaged and Productive Misfits: How Job Crafting and Leisure Activity Mitigate the Negative Effects of Value Incongruence. *Academy of Management Journal*,59(5),1561 - 1584.

Vohs, K. D., Mead, N. L., & Goode, M. R. (2006). The Psychological Consequences of Money. *Science*, 314(5802), 1154 - 1156.

Vohs, K. D., Mead, N. L., & Goode, M. R. (2008). Merely Activating the Concept of Money Changes Personal and Interpersonal Behavior. *Current Directions in Psychological Science*, 17(3), 208 - 212.

Whillans, A. V., & Dunn, E. W. (2015). Thinking about Time as Money Decreases Environmental Behavior. *Organizational Behavior and Human Decision Processes*, 127, 44 - 52.

Whillans, A. V., Christie, C. D., Cheung, S., Jordan, A. H., & Chen, F. S. (2017). From Misperception to Social Connection: Correlates and Consequences of Overestimating Others' Social Connectedness. *Personality & Social Psychology Bulletin*, 43 (12), 1696 - 1711.

Ybarra, O., Chan, E., & Park, D. (2001). Young and Old Adults' Concerns about Morality and Competence. *Motivation & Emotion*, 25(2), 85 - 100.

Zhang, M. J., Law, K. S., & Lin, B. (2016). You Think You are Big Fish in a Small Pond? Perceived Overqualification, Goal Orientations, and Proactivity at Work. *Journal of Organizational Behavior*, 37(1), 61 - 84.

Zhang, S., Hsee, C. K., & Yu, X. (2018). Small Economic Losses Lower Total Compensation for Victims of Emotional Losses. *Organizational Behavior and Human Decision Processes*, 144, 1 - 10.

Zhou, X. Y., & Gao, D. G. (2008). Social Support and Money as Pain Management Mechanisms. *Psychological Inquiry*, 19 (3 - 4), 127 - 144.

Zhou, X. Y., Vohs, K. D., & Baumeister, R. F. (2009). The

Symbolic Power of Money: Reminders of Money alter Social Distress and Physical Pain. *Psychological Science*, 20(6), 700-706.

Zlatev, J. J., & Miller, D. T. (2016). Selfishly Benevolent or Benevolently Selfish: When Self-interest Undermines Versus Promotes Prosocial Behavior. *Organizational Behavior and Human Decision Processes*, 137, 112-122.

Zwebner, Y., Sellier, A.L., Rosenfeld, N., Goldenberg, J., & Mayo, R. (2017). We Look Like Our Names: The Manifestation of Name Stereotypes in Facial Appearance. *Journal of Personality and Social Psychology*, 112(4), 527-554.

中文参考文献：

陈静珊，彭东泳，梁耀彬等.广州市地区大学生微笑型抑郁症的调查分析. 中华全科医学，2009,7(2)：191－193.

段锦云. 泡泡心理学：成为最好的自己. 北京：北京大学出版社，2016.

段锦云，周成军，苗青.偏好反转和“少更好”现象. 人类工效学，2011,17(4)：69－72.

段锦云，田晓明，薛宪方. 效果推理：不确定性情境下的创业决策. 管理评论,2010，22(2)：53－58.

何振宏，张丹丹.抑郁症人群的心境一致性认知偏向.心理科学进展，2015,23(12)：2118－2128.

贾慧君. 不同类型的音乐对情绪的作用. 艺术研究,2016,24(3)：178－179.

李爱梅，彭元，李斌等. 金钱概念启动对亲社会行为的影响及其决策机制. 心理科学进展，2014(22)：845－856.

李静，郭永玉. 金钱对幸福感的影响及其心理机制. 心理科学进展，2007,15(6)：974－980.

李若冰.善变的蝴蝶——混沌理论视野下的网络舆论监督分析. 重庆文理学院学报：社会科学版，2010,29(2)：109－111.

李纾. 决策心理：齐当别之道. 上海：华东师范大学出版

社,2016.

李晓丽,阎力.(2011). 创造性任务情境下社会惰化影响因素研究.心理科学，2011,34(1)，160－165.

梁静，李开云，曲方炳等.说谎的非言语视觉线索. 心理科学进展,2014,22(6)：995－1005.

梁静，颜文靖，吴奇等. 微表情研究的进展与展望. 中国科学基金,2013(2)：75－78.

马力，曲庆. 可能的阴暗面：领导—成员交换和关系对组织公平的影响. 管理世界 2007(11)：87－95.

马欣然，任孝鹏，徐江. 中国人集体主义的南北方差异及其文化动力. 心理科学进展，2016,24(10)：1551－1555.

潘诚，佘建华，张明明等.爱情观研究综述. 科教文汇,2012(13)：178－178.

彭聃龄.普通心理学(第 4 版).北京：北京师范大学出版社,2012.

邵挺，王瑞民，王微.中国社会流动性的测度和影响机制——基于高校毕业生就业数据的实证研究. 管理世界,2017(2)：24－29.

申寻兵，隋华杰，傅小兰.微表情在欺骗检测中的应用. 心理科学进展，2017,25(2)：211－220.

王雁飞,朱瑜.国外社会惰性的理论与相关研究概述.心理科学进展，2006,14(1)：146－153.

吴远，徐霄霆.书写表达在微笑型抑郁中的适用性分析. 中国健康心理学杂志，2014,22(1)：146－149.

谢天,周静,余国良. 金钱启动研究的理论与方法.心理科学进展，

2012(6)：918－925.

谢晓非，王晓田.风险情景中参照点与管理者认知特征. 心理学报，2004，36(5)：575－585.

谢晓非，周俊哲，王丽.风险情景中不同成就动机者的冒险行为特征.心理学报，2004，36(6)：744－749.

余习德，张小娟，鲁成.(2017). 声音影响饮食行为：实证进展与理论构思. 心理科学进展，2017，25(6)：955－969.

张兵兵，陈春花. 国外关于自恋型领导的研究述评及未来展望. 领导科学，2015(17)：53－56.

周雅，刘翔平，苏洋. 消极偏差还是积极缺乏：抑郁的积极心理学解释. 心理科学进展，2010，18(4)：590－597.

庄锦英.生活心理学.浙江：浙江教育出版社，2009.